阅读成就思想……

Read to Achieve

[英] 丹娜·左哈尔 (Danah Zohar) ◎著
纪文凯◎译

LaoTzu and Confucius Meet Heisenberg

Leadership Wisdom from Quantum Science & Chinese Philosophy

中国人民大学出版社
· 北京 ·

图书在版编目（CIP）数据

中国人的量子管理观 / (英) 丹娜·左哈尔 (Danah Zohar) 著 ; 纪文凯译. -- 北京 : 中国人民大学出版社, 2025. 1. -- ISBN 978-7-300-33362-5
Ⅰ. O413.1; B089
中国国家版本馆CIP数据核字第20240R9W91号

中国人的量子管理观
［英］丹娜·左哈尔（Danah Zohar） 著
纪文凯 译
ZHONGGUOREN DE LIANGZI GUANLIGUAN

出版发行 中国人民大学出版社
社　　址 北京中关村大街31号　　邮政编码 100080
电　　话 010-62511242（总编室）　　010-62511770（质管部）
010-82501766（邮购部）　　010-62514148（门市部）
010-62515195（发行公司）　　010-62515275（盗版举报）
网　　址 http：//www.crup.com.cn
经　　销 新华书店
印　　刷 北京联兴盛业印刷股份有限公司
开　　本 720 mm×1000 mm 1/16　　版　次 2025年1月第1版
印　　张 15.75 插页2　　印　次 2025年1月第1次印刷
字　　数 140 000　　定　价 79.90元

献给何文天（Felix）和钟鸿盛（Domi）

两位年轻的量子领导者

本书赞誉

丹娜·左哈尔的新书从老子与海森堡东西古今交相辉映的独特视角，与大众共启跨越时空与文化的思想盛宴，并铺展开了和美共生之意境，进而深入阐释了当代管理者的超越之道，引人入胜。于量子时代，此书意义非凡，热忱推荐，静心品读，感悟智慧，归元自性之光。

姚越

中国女企业家协会理事

学习型组织中国前副主席

新加坡国际社会创新园理事

21世纪的领导者究竟该如何应对他们所面临的严峻挑战？老子、孔子与海森堡有什么共同点？量子管理学领域的著名学者丹娜·左哈尔结合了中外哲学思想中的很多对比，一方面强调东方传统哲学对西方量子力学、量子管理学的启示，另一方面也列举了若干国内应用量子管理学进行企业管理的实战案例。这本书值得一读。

郑毓煌

清华大学营销学博导

哥伦比亚大学营销学博士

当前，我们面临着一个更加不确定的时代和急剧变化的社会，变革思维方式已然成为企业管理者的必修课。本书作者丹娜·左哈尔阐释了中国古代思想与量子管理的联系。她指出，量子管理是更利于应对世界变化和不确定性常态的管理思维，是一个开放的、包容的、能够充分调动每一个人积极性的管理模式。她的研究对现代企业的发展和管理思维具有重要启示作用。

郑召利

教授

复旦大学哲学学院原副院长

复旦大学管理哲学研究中心主任

当中国传统思想元素遇上西方现代量子科学，会碰撞出怎样的火花，又会对企业管理和个人成长带来怎样的启发？

在这本书中，丹娜·左哈尔深入探索了这个有趣的交汇点。通过学习，我们不仅能够重建领导思维方式，实现从管理者到领导者的蜕变，更能启迪工作和生活的方方面面。

在本书中，她进一步阐释了中国道家思想与量子管理的联系。她认为，量子力学对宇宙的认知与中国道教是相通的，如“天之道，利而不害；人之道，为而弗争”“无为”等。这些道家核心法则同样也是量子管理的核心所在。我国的商业领导者应有充足的信心，相信中国传统文化在当代所能发挥的优势，相信他们最熟悉的思维方式，相信量子管理就是中国式管理。

钱婧
北京师范大学经济与工商管理学院教授、博士生导师

在思想领域，有很多异代的同道、异域的同行者。如果有人回溯时空，把他们请到一起交流对话，会是十分有趣又有益的场景。

丹娜·左哈尔正在做着这种具有开拓性和深远意义的工作。她立足于西方物理学与管理学的交界之地，一手触摸着新锐的中国企业管理前沿，一手打捞着久远的东方古代哲学传统，在古今中外的比较与融合中多有发现和创见。

这种“他山之玉”有助于我们认识本土哲学的现代价

值，有助于我们了解量子管理学的实践价值，更有助于我们看到中国管理学派的可能路径与前进方向。

陈为

正和岛总编辑

在当今全球化的时代浪潮中，丹娜·左哈尔的思想宛如一颗璀璨的智慧明珠；当人工智能对人类智能发起一次又一次的挑战和颠覆时，智人们是时候祭出压箱底的老子、孔子、海森堡以及他们神奇“遇见”的神秘法宝了。少年时，我在儒家文化的国际化过程中成长，书桌上左边放着《论语》和《道德经》，右边放着《理想国》和《荷马史诗》；青年时，与丹娜一样，求学于受盎格鲁撒克逊文化影响的英国和美国，我更能从她的角度体会到不同文化与思想碰撞的魅力。丹娜的这本新书，巧妙地将老子、孔子的东方哲学智慧与海森堡的量子力学理念相融合，为管理者和企业家们打开了一扇全新的理解量子管理学之门。这是一本不可多得的案头宝典，值得每一位致力于管理创新与个人成长的读者细细品读。当我们在生活、管理、创业中遇到难题，且恰恰可以通过发挥量子领导力解决的时候，千万不要认为自己是本本主义、教条主义。切记，在量子的世界中是没有时间这个维度的。

李大巍

他山石智库总裁

麻省理工访问学者

量子哲学与量子科学，让相距2000多年的中国先哲与现代量子物理学家相遇。看似不搭界，但通过沟通对话，却展现出了阴阳互补机制在量子挖掘中的作用，以及中国先哲们的量子世界观。更可贵的是，关联对话中还探讨了量子思维与量子管理之间的关系，构建了21世纪量子管理的基本轮廓，介绍了量子领导人、量子领导力等概念。丹娜·左哈尔提出了一种非常睿智的思考方式，给现代管理带来了新的视角和动能。

张国有

北大信息技术高等研究院首席经济学家

曾任北京大学副校长、经济与管理学部主任和

中国管理科学学会会长

梁漱溟先生以中国文化早熟为出发点诠释了中国文化与世界其他文化的关系，他一生期待西方文化完成对中国文化

的早熟智慧的续写与验证。这与本书作者丹娜·左哈尔的观点不谋而合。丹娜认为，量子物理是对中国量子世界的公式化表达和实验，西方要了解中国，就要深刻理解量子物理学，而要了解量子物理学，就要首先理解中国人首先提出的新儒家式的量子世界观和量子思维，这又是作者量子思维的经典表述。

宋亚南

零度科技联合创始人、副总裁

广东省人工智能产业协会副秘书长

原广东卫视《财经郎眼》首席运营官

推荐序

一本中西合璧的管理哲学大作

在本书中，睿智的量子管理理论奠基人丹娜·左哈尔女士通过中国古代哲学家老子、孔子（特别是老子）和杰出的量子物理学家海森堡的跨时空对话，进一步阐明了量子哲学的本质。作为20世纪革命性的物理学进展，量子科学正为人类科学观的进一步突破、技术创新以及未来产业的形成做出积极的贡献。量子科学所蕴含的整体性、涌现性、互动性、开放性等特征，正推动人类形成整合观、体系观、和平观等更健壮的哲学思想。丹娜·左哈尔通过对中国哲学代表人物老子以及经典著作《易经》等丰厚的人文与科学思想的解读，进一步证明了中国传统哲学既为量子物理的诞生做出了重要的思想启迪，也催生了先进的管理哲学体系。

在中国近万年的文明历史长河中，以老子和《易经》为代表的道家思想是最能体现科学的宇宙观、整体观以及涌现性、互动性、开放性的思想体系。因此，中国式哲学，尤其是道家哲学，就是量子科学观、量子哲学观，它为量子管理思想体系的形成做出了积极的贡献。因此，丹娜·左哈尔在我作为执行主编的《清华管理评论》杂志上专门撰文《量子管理就是中国式管理》。在本书中，她又进一步引用了孔子等中国古代巨儒和王阳明、张载等近代新儒学哲学家的论述，如孔子的仁爱观、王阳明的良知观、张载的关学等，融入其蕴含高尚的伦理学思想的新的科学认识论，进一步丰富了仅以道家为核心内容的量子哲学观。

在完成了中国哲学家和西方科学家精彩对话的基础上，丹娜·左哈尔进一步提升了她独创的量子管理学。更具整体性、动态性和人本主义，是新一代量子管理学的特征。因此，本书可谓她的量子管理学的最新升级版。在本书的后半部，她以我国优秀企业海尔集团的“人单合一”模式为例，并以新的量子管理实践者，如来自万色城的朱海滨、优秀的教育工作者李玲和来自杰出的科技成果转化平台——长三角国家技术创新中心的刘庆先生为研究对象，生动地阐明了量子管理的先进性和可推广性。

作为一名创新研究学者、管理哲学研究者和哲学爱好者，我热忱向广大读者推荐丹娜·左哈尔的这本杰作。感谢中国人民大学出版社卓有远见地组织翻译本书。我相信，本书的出版将对进一步丰富与发展管理哲学、中国式管理，进一步提升我国企业现代化管理水平起到十分积极的作用。我也相信，进一步融合“返宗儒家，融合中西哲学”的新儒学思想，加强对印度的哲学和科学思想的吸收，能形成更完备的量子哲学体系，也能为全人类培养出更多卓越的领导者。希望我们共同地不断以“各美其美，美人之美，美美与共，天下大同”之道，共筑人类文明新高度。

陈劲

中国管理科学学会副会长

清华大学经济管理学院教授

2021 年和 2023 年全球最有影响力的

50 位管理思想家获得者

2024 年 9 月 12 日

前言

新型领导力范式的两条路径

很多读者可能会对这本书的名字感到好奇，为什么要想象生活在公元前 5 世纪、可能是最伟大的两位中国古代哲学之父——老子和孔子，与 20 世纪量子物理学奠基人之一维尔纳 · 海森堡（Werner Heisenberg）相遇呢？这三位有什么共同点呢？他们可以对彼此说些什么呢？阅读完本书，你可能会有答案。其实像老子、孔子这样的中国哲学家与海森堡这样的现代量子科学家和哲学家之间有很多共同之处。如果我们能聆听他们之间的对话，我相信我们可以从中获得许多宝贵的经验，了解 21 世纪的领导者应如何应对他们所面临的严峻挑战和令人兴奋的机遇。想象这样的对话是我创作本书的初衷之一。

我创作本书的另一个目的是从这样的对话中总结出 21 世纪新的领导力愿景和哲学的基本轮廓。哲学不是一种抽象的学术追求，而是一种全面的、包罗万象的理解框架和实践指南，它能让领导者了解他们所处的世界、他们的行动和决策在其所处世界中所发挥的作用，以及如何使这些行动和决策最有效、最有益。

中国古代另一位思想家孙子在其著作《孙子兵法》中首次阐述了领导者遵循领导力哲学的重要性。孙子提出了成功领导力的五项基本原则，其中包括“知己的哲学”和“给予你的手下更强的目标感”。孙子认为，领导者的哲学思维决定了他的领导风格和原则，他的目标感会提高他的领导力，并激励他所领导的所有人。

在我撰写的许多关于量子管理和量子领导力的书籍中，我始终认为，拥有正确的哲学观和更强的目标感是领导力艺术的必要基础，而且中国古代哲学家的原则和思想与当今量子科学的基本原则和发现之间有许多惊人的相似之处。这种相似性是我在第一次来访中国时发现的。

2014年，海尔集团创始人、时任CEO的张瑞敏先生给我发了一封电子邮件。信中提到，在他设计企业领导力和管理转型模式（即海尔革命性的“人单合一”管理模式）的过程中，我关于量子哲学和量子管理的书籍对他产生了重要启发。张先生邀请我去青岛海尔总部与他会面，并更全面、深入地了解和探讨“人单合一”。在参观完海尔之后，我开始了为期一个月的巡回演讲之旅，足迹遍布中国许多城市。每到一处，听我演讲的人都会惊呼：“你讲的以及你写的书都极具中国色彩，太‘中国’了！”起初，这让我感到非常困惑，因为除了在大学上过一门关于东方哲学的课程外，我以前对中国的思想或文化一无所知。但随着我多次访问中国，这样的评论变得越来越多，自然而然的好奇心促使我开始了对中国文化的长期研究，这也为本书的诞生奠定了深厚的知识基础。

由于《易经》与奠定中国文化基础的道家、儒家和禅宗的伟大著作有许多惊人的相似之处，因此阅读它也让我对量子科学和量子哲学本身有了更深刻的理解，我认为本书的读者也会从中受益。量子物理学看起来非常抽象，似乎让常人难以接近。正如我们将要看到的，即使是量子物理学家自己也坚持认为，想要彻底理解量子物理学几乎是不可能的。相比之下，中国哲学则非常具体和朴实，它能够通俗易懂地描述我们所处的宇宙、人类日常生活与更广阔宇宙的关系、人类在这一更大的体系中扮演的角色，以及人类存在于此的目的。这些中国经典用简洁明了的语言告诉我们如何过有意义的生活、如何做一个好人、如何做一个好领导、为什么要以及如何为他人服务，等等。从量子物理学中衍生出来的哲学，以其虽显晦涩的表达方式，提供了这些同样有价值的见解。但是，通过将量子科学与中国哲学放在一起，通过让老子、孔子和海森堡等人进行跨越时间和空间的对话，这两种截然不同却在很多方面惊人相似的传统可以相互促进。这种并置不仅丰富了我们对它们的理解，而且能够让我们从两者中汲取宝贵的经验。

事实上，量子物理学的早期发现与中国哲学思想之间的对话在量子物理学的发展过程中发挥了关键作用。20 世纪 30 年代初，西方科学家首次向中国经典寻求帮助。丹麦物理学家尼尔斯·玻尔（Niels Bohr）是最早试图模拟和理解他们在原子内部发现的量子微观世界的“奇特行为”的一小群先驱之一。与他的同行爱因斯坦、狄拉克、薛定谔和海森堡一样，玻尔也无法理解一些实验结果，这些实验结果表明，光有时表现为粒子流，但在其他情况下似乎是一系列波。西方哲学的逻辑和直觉是，光要么是粒子，要么是波，任何事物不可能处于亦此亦彼的状态。事物总是非黑即白、非真即假、非好即坏，等等。而光似乎既是粒子又是波，而且是同时存在的。玻尔对此十分迷惑，西方科学家发现了量子物理学，但他们从未真正理解它。面对他们发现的新量子科学的类似逻辑谜团，爱因斯坦称其为“爱丽丝梦游仙境物理学”和“精神分裂物理学”。直到生命的尽头，他都无法完全接受它。但玻尔决定跳脱西方传统思维的束缚去寻找一些理解。

与物理学家沃尔夫冈·泡利（Wolfgang Pauli）一样，玻尔也对中国古代哲学产生了兴趣，并熟读了《易经》。通过研究《易经》的内在结构以及后来贯穿于中国思想中的阴阳动态和“互补对立”的概念，波尔观察到了量子波粒二象性的可能模型，以及一种可以同时涵盖“亦此亦彼”明显对立面的不同逻辑。

波尔推断，正如阴和阳一样，光的波状与粒子状性质可能是一个动态运动、循环往复过程的两个方面，因此他提出了著名的互补原理，这是新量子物理学的基石之一。海森堡迅速跟进并深入研究，他认为可以用同样的方法来理解其他看似互补的神秘对立面，如位置和动量、自旋向上和自旋向下。与玻尔一样，他得出的结论是，虽然我们在任何时候都只能观察到这些互补对立面中的一个面，但要理解相关量子现象的内在本质，这两个面就都是必要的。这就是海森堡的不确定性原理，它是新物理学的另一个基本组成部分。

通过对玻尔和海森堡等思想的持续影响，中国古代哲学对 20 世纪革命性的量子物理学做出了第一个贡献。为表认可和感激，玻尔将著名的道家阴阳符号刻在了他的私人纹章上。后来，中国思想极大地推动了戴维・玻姆（David Bohm）开创性理论的形成。玻姆是饮誉当代的量子物理学家和科学思想家，他一生致力于固体物理学方面的基础科学研究，观察到了量子非定域性存在的第一个证据，即阿哈罗洛夫－波姆效应（the Aharonov-Bohn Effect），并且提出了量子理论中观察者效应（Observer Effect）的主要解释之一。玻姆的思想深受斯宾诺莎（Spinoza）和阿尔弗雷德・诺思・怀特海（Alfred North Whitehead）哲学的影响，而这两位哲学家都深受中国传统哲学思想的影响。因此，玻姆对量子物理学的许多思考都非常中国化，同时他对我毕生对量子物理学的兴趣以及我试图从量子物理学中梳理出更广泛的哲学内涵产生了极大的影响。我 15 岁时通过阅读他的经典教科书《量子理论》（*Quantum Theory*）第一次接触到了量子物理学。在玻姆生命的最后 10 年里，我与他有了更紧密的接触，他成了我的朋友、我的导师。

尽管西方科学家早在 20 世纪就进行了现代量子物理学的第一个实验，并确定了使进一步实验和技术应用成为可能的方程，但大多数科学家甚至直到今天仍坚持认为不可能理解量子物理学。他们声称量子物理学是不合逻辑的、反直觉的、不合理的。著名物理学家理查德·费曼（Richard Feynman）说："如果你认为你懂量子物理学，那你就是不懂。"我想借本书说明，中国人的量子世界观已有 3000 多年的历史，它根植于中国古代哲学，其中以道家哲学和几百年后深受道家影响的新儒家哲学为核心，而且直到今日，中国人在许多方面仍十分自然地以量子的方式思考，对量子逻辑和量子现实有直观的把握。相比之下，现代西方科学只是刚刚赶上中国古人的步伐。因此，我希望阅读本书能帮助更多西方人理解量子物理学。

我们会发现，《易经》以及老子、庄子、张载、王阳明等诸多思想家基于对宇宙的直观认识，最早提出的许多哲学见解和领导力教诲，都是对后来探索量子物理学和量子场理论的科学家通过实验而发现的科学事实，以及构成我自己的量子管理理论基础的领导力教诲的不可思议的预言。我认为，量子物理学和复杂性科学只是简单地对中国传统思想中的重要部分进行了实验验证，并以方程式的形式表达出来。因此在某些重要方面，中国人可以理直气壮地宣称自己“发明”了量子思维，要深入了解中国人的思想就必须了解量子物理学。我也相信，在某些重要方面，将量子思维应用于商业实践就是以具有中国特色的方式经营企业。我甚至想建议将量子管理称为现代化的中国式管理。如今许多中国公司自称为量子公司。

但是，在提出这一点以及描述中国早期思想、量子思维和量子管理之间的诸多共性时，我们也不能忽视很多非常重要的差异。中国是一个非常古老的社会，其文化极其复杂。中国思想是多元的。与老子著名的无为哲学（即不控制、不干涉的“放手”哲学），以及王阳明的良知哲学（即相信每个人都拥有明辨是非的道德直觉，因此每个人都拥有不可侵犯的个人权威）并列的是主流儒家传统思想（即相信君权和父权毋庸置疑，以及社会礼仪和礼节在控制人们的基础本能和确保其道德修养方面发挥着关键作用）。受儒家思想的影响，中国传统管理一直强调集权、家长式领导、中央控制和等级制度，而这些都是量子管理所反对的。但与此同时，孔子本人也主张多问，尊重能干的工匠或下级官员的独立权威，并主张统治者应认真倾听与他意见相左的人的意见以博采众长。

除了对权威和控制的非量子化偏好外，中国传统管理还强调战略灵活性、适应不断变化的环境和自发性的重要性，而这些都是量子管理所倡导的。儒家传统管理和量子管理都强调美德、智慧和学习是领导者的必备素质，都强调关系、信任和共同价值观的力量和重要性。尽管有一些儒家价值观非常背离量子化管理思想，与其相去甚远，但儒家思想本身也是动态变化的，可以有多种解释。我认为，我们可以从两者的异同中汲取重要的领导经验，因此孔子与海森堡之间的对话和海森堡与老子、庄子或王阳明之间的对话同样具有启发性。我相信中国人对量子思维的深刻理解，以及量子思维在中国文化很多方面的丰富表达，甚至直到今天，都能引导西方科学家更好地理解他们的研究和发现，而中国人提出的非常具象且类量子的领导智慧也能为西方领导者践行量子管理原则提供更坚实的基础。量子物理学和中国的许多思想都让西方人正视自己、质疑自己、怀疑自己，这种自我质疑和自我怀疑可以是创造性的，可以开启新的思维方式。译者兼作家戴维·辛顿（David Hinton）写道："中国模式与我们当代所面临的处境和挑战尤为相关，在这方面，中国领先西方近三千年。中国人的创新为我们文化的传统假设提供了一个彻底的替代方案。"

如果西方能够拥有这种洞察力，并随之获得文化上的谦逊，那么这对于世界范围的沟通与和平将大有裨益。这必定会让人们对当今中国的许多特点有更深入的了解，有助于东西方开展更积极的对话，从而使所有人受益。同时，我们在当今诸多重大的科学发现、思维和语言中都能够找到中国传统元素，这可能会让许多中国人确信，他们不必总是采用西方的方式来实现现代化。事实上，新的量子思维（也就是理解量子物理学的能力）与许多中国人一贯的思维方式之间的协同作用可能会为中国带来巨大的技术优势。许多中国科学家对量子物理学早已“驾轻就熟”，理解其技术意义也是自然而然的。最后，通过这种西方量子物理学与中国传统思想元素之间的对话，我们甚至可能会达成一个全新的东西方愿景，以实现全球合作以及振奋人心的、革命性的全球共创。了解中国的道家思想和一些新儒家思想，并将其与量子物理学更科学的语言结合起来，就是为真正的全球现代化奠定基础。

我希望本书关于中国传统世界观与量子世界观之间相似之处的主题能够迎合大众兴趣，但在下文中，我将集中介绍产生于两者的共同领导精神、原则和哲学，并主要针对商界的领袖。我相信本书会对管理学和商界产生积极的影响，我将在写作过程中尽力让读者关注到这些影响。因此，本书可以看作是对我早期关于量子领导力和量子管理理论相关书籍更深层次的哲学共鸣。

本书也可以看作对我之前出版的关于量子领导力和量子管理理论的书籍在哲学和历史方面更深层次的补充。本书提供了一些深层次的东西，掌握了这些东西，伟大的领导者就会有别于优秀的管理者。量子管理原则的实际践行要求企业结束自上而下的控制，摆脱官僚主义，建立一个由联系紧密、共同创造、自我组织的自治团队组成的网络，并作为一个整体生态系统发挥作用。这些实用的原则都蕴含在一个更广泛的、全新的哲学框架中，这个框架既启发又促进了这些原则的更新和完善，并赋予量子管理更高的，甚至是精神的维度。量子管理的哲学维度，就像中国哲学本身一样，要求我们（尤其是西方世界的人们）重新思考人类生活和领导力的本质和目的、我们和我们的公司在社会和自然界以及更广阔的宇宙中的位置、意识的本质和人类思维的能力、我们思想的本质等深层次的问题。我们将看到，所有这些都与伟大领袖所应具备的品质息息相关。

本书第三部分的结论是，量子管理可以被视为现代化的中国式管理。为了证明这一点，本书介绍了当代中国商界和教育界的多位领袖，并对他们进行了采访，他们的领导哲学和实践都受到了中国传统哲学和量子科学思想的启发。海尔集团创始人及董事局名誉主席张瑞敏是受访领袖中的杰出代表之一。我认为，他提出并践行的“人单合一”管理模式是第一个在日常组织和实践中贯彻量子管理原则的有效商业模式，也是最有效的模式之一，其他中国企业所宣称的量子管理实践几乎都是“人单合一”模式的变体。在本书中，我将把“人单合一”作为企业实施量子管理的通用指南。海尔是最早提出“人单合一”模式的企业，但正如张瑞敏自己所说，这种模式现在属于所有人。海尔有自己的“人单合一”的实践方式，其他企业也可以找到自己的方式。

最后，我想向读者和那些可能会批评本书中所有关于量子内容的人做一个重要的解释和提醒。量子物理学本身对人生的意义、优秀领导者的品质、管理公司的方式以及我们日常生活中感兴趣的其他任何事情都没有任何论述，它是一门用正式的数学方程式表达的严谨科学，最初描述的是原子中极小粒子的行为，这些方程式让物理学家能够做出预测，这些预测在实验室和量子技术设计中都有实际应用，如计算机、智能机器、互联网、激光、核磁共振扫描、新材料、人工智能等，所有这些都在定义 21 世纪的生活。量子场论作为量子力学最复杂、最彻底的延伸，让科学家们对宇宙的起源和本质有了更深入的了解。但是，量子场论的见解也是以更加晦涩难懂的形式化方程来表达的，其本身并没有告诉我们关于人类在宇宙中的角色或地位的相关信息。

量子物理作为一门科学，其局限性所带来的更深层次、更广泛的哲学甚至科学影响，已经被量子物理学家自己、像我这样有物理学背景的哲学专业人士，以及在复杂性科学、量子生物学、材料科学、认知科学等其他领域工作的科学家所探索。量子物理学的定义原则和发现不仅提供了一种新的科学范式，而且为我们重新思考和理解日常生活和活动各个方面阐明了一种新的范式。过去几十年中，我出版了 11 本书，在这些书中，我一直在探索这种新的量子范式，探索量子科学对量子心智、量子思维、人类心理学、社会理论、管理理论的性质和潜力的新思维，以及一种新的人生哲学的广泛影响。因此，本书所介绍的量子哲学，虽然与许多人的观点相同，却是来自我个人的理解，以及戴维·玻姆的著作对我思想的强烈影响，而且事实证明，它们在很多方面是非常中国化的！基于量子物理学基本原理的更广泛、更持续的发现和应用，将继续彻底改变我们的观点和日常生活的物理条件。正如牛津大学的弗拉特科·文德拉尔（Vlatko Vendral）教授在《科学美国人》(*Scientific American*）杂志上写道："我们生活在一个量子世界里。"如果老子还活着，他可能会补充说："我早就告诉你们了！"

关于本书中文翻译和古文解读的重要说明

我的学术专长领域是量子科学和量子哲学。我不懂中文，无论是古汉语还是现代汉语，因此我没有研究过本书中许多中文引文的原始出处。我不是中国古代思想的学术专家，本书也不自诩为中国哲学学术著作。我并不熟悉中国哲学的所有流派，也不熟悉它们在解释原始文献时的微妙差异。我读过的中国伟大经典的译本以及汉学家撰写的有关这些经典的专家研究报告，也都出自西方专家之手。由于中文，尤其是古代文言文的模糊性，因此学者和译者对原始古代文献的解释可能存在很大差异。不可避免的是，西方的翻译和解释可能往往与中国推崇的有所不同。

基于上述原因，我所选择的中国古代最伟大哲学家的引文，以及不同译者的不同解释和我个人对这些译文的解释，可能会让中国读者觉得“错误”或“粗糙”。尽管如此，我还是从我所“认识”的孔子、老子、王阳明等人身上找到了巨大的灵感，找到了他们的理论与量子哲学的共鸣。希望企业领导者和其他非专业读者也能在本书中找到类似的灵感，获得有益的启示。

目录

第一部分 量子式/中国式世界

第 3 章 领导力与企业的更高境界

第 4 章 领导者的思维

第二部分 量子领导者

第 5 章　量子领导者："圣王"

第 6 章　量子领导力的 12 个原则

第三部分 中国的量子领导者

第7章　张瑞敏：海尔的哲学家CEO

第8章　海尔的“人单合一”模式：始于哲学的管理革命

第9章　朱海滨：拯救世界上的蜜蜂

第一部分

量子式/中国式世界

第1章

企业运营的宇宙

大哉乾元，万物资始，乃统天。云行雨施，品物流行。大明终始，六位时成，时乘六龙以御天。乾道变化，各正性命，保合太和，乃利贞。首出庶物，万国咸宁。

《易经》

近来，一家英国能源公司邀请我为其高管们举办了一场量子管理研讨会，这家公司的主要业务是从化石燃料中获取能源。我演讲的主要内容之一是提高这些领导者对公司在更广泛的计划中所扮演的角色的认识，特别是让他们更清楚自己在气候变化方面的角色和责任。在场的人对我充满了敌意和防备。当我谈到环境保护时，他们说："环境保护是政府的责任，我们的责任是满足客户的需求，并从中获利。"当我暗示他们似乎不知道外面的世界发生了什么时，他们反驳说："不，我们不需要知道外面发生了什么，我们也不在乎，我们的工作就是这样。"当我指出他们的思维被一种过时的关于人类与宇宙和自然界的关系的观念所影响时，一个特别好斗的人怒斥道："我认为，成功地经营我们的公司不需要知道这些深奥的东西。"但多年的经验使我相信，"深奥的东西"在领导力的本质和思维中都发挥着至关重要的作用，领导者势必需要了解外面的世界并与之建立联系。

这些英国能源领导人生在西方世界、长在西方世界，他们依靠标准的西方管理原则来管理自己的公司。如果他们对"深奥的东西"有更多的了解，他们就会知道，他们的文化背景和传统管理实践在他们的思维中嵌入了一系列假设，这些假设直接影响了他们的领导态度和日常管理决策，而且在很大程度上是无意识的、已经过时的和危险的。不知不觉中，他们正在用 17 世纪的思维方式领导着 21 世纪的公司。

他们所遵循的管理方法是苏格兰工程师弗雷德里克·泰勒（Frederick Taylor）在其1911年发表的一篇关于科学管理的论文中倡导的。泰勒认为，如果公司遵循科学原则，那么它们就能得到更好的管理。虽然他的观点很有道理，但他的理论基础来自17世纪艾萨克·牛顿（Isaac Newton）的机械物理学以及以该物理学为基础的所有假设。

牛顿认为，宇宙是一部简单、遵循规律（确定性）和可预测的大型机器；人类与自然界和宇宙完全分离，是独特的存在；人类享有特权，自然界是供人类利用的资源；就像宇宙是按等级划分的一样，人类也是按潜能、角色和职能等级划分的，而且高级的应该管理低级的。所有这些也顺理成章地成了泰勒式公司管理的假设。泰勒认为，组织也应该像一部运转良好的机器一样运作，划分为原子式的独立职能部门，这些部门按等级组织起来，并由高层通过明确的行政规则管控。管理者进行管理，而员工则听命令行事。与任何好机器一样，最重要的是强调效率这一首要价值。

但在20世纪初，牛顿的物理学被量子物理学所取代，一种关于宇宙的运作方式和构成要素的新理论出现了。纠缠态的量子取代了牛顿的孤立原子和物质原子；海森堡的不确定性原理取代了牛顿的决定论；复杂性、动态的不断变化取代了简单性和稳定性；参与式宇宙取代了人类观察者的分离性（在参与式宇宙中，观察者和被观察者是一个共同创造的统一体）。量子物理学表明，人类与自然和宇宙终究不是分离的；相反，我们的提问、观察、实验和决策在创造世界的过程中发挥着积极的作用（我们现在从人类在气候变化中发挥的破坏性作用中清楚地认识到了这一点）。随着量子科学的发展，复杂性科学、量子生物学等学科也逐渐兴起。这些学科的发现表明，我们人类实际上是有生命的量子系统［复杂适应系统（complex adaptive systems，CAS）］，与宇宙中其他所有事物一样，由相同的"物质"（能量）构成，我们的"物质"按照与地球上所有生命（包括植物和动物）相同的原则组织和行动。因此，量子物理学产生了一种新的范式，取代了牛顿物理学产生的范式。这种新的量子范式要求我们重新思考一切，包括企业的管理和领导者所应具备的个人素质。

我已经出版了几本关于量子管理的书，提出了一种更现代化的科学管理模式。与泰勒一样，我也认为按照科学原则进行管理，公司会更有效地运行，但我认为，这些原则的科学依据应该是当今的量子科学。量子科学为我们理解宇宙的本质、生命世界的本质以及人类与它们之间的关系提供了一个完全不同的框架。所有这些对公司的意义、目的和使命，以及了解管理公司的最佳方式产生了重要影响。遵循量子管理原则的领导者，其战略和决策都将建立在新量子范式所依据的一系列非常不同的假设之上。我们会发现，这些假设与许多中国传统思想的基本原则以及构成中国人世界观的假设非常相似，即使在今天也是如此。

像现在的量子科学一样，中国人坚信“天”（即更大的宇宙现实和自然世界）与人类世界之间存在着一种密切且决定性的关系。这种关系决定了天道即为人道，我们应该向自然和宇宙寻求如何在地球上管理和生活的方向。因此，了解这两个思想体系对宇宙本质的看法，对领导者及其所领导的组织的理想本质有直接的借鉴意义。在接下来的几章中，我将梳理量子科学和中国思想如何描述世界的本质、我们与世界的关系，以及我们可以从中学习到的领导力。让我们从宇宙的本质开始。

宇宙的起源

在世界上所有伟大的神话中，宇宙均起源于一个原始的、无形的虚空。在《圣经》中，它被描述为黑暗的虚空，古希腊人称其为黑暗的混沌。在《道德经》中，我们读到“道可道，非常道；名可名，非常名”，它与存在的关系被描述为“暗谜中的暗谜……是一切谜题的入口”。其他中国著作将这种“虚无”或“暗谜”称为“太虚”。“太虚”是一种无形的“虚无”，一切存在都源于“虚无”。在《道德经》的另一章中，老子阐述了宇宙生成说，即“道生一，一生二，二生三，三生万物”。“二”指阴阳的对立和动态变化，是动与静之间的对话；“三”为五行，即借着阴阳演变过程的五种基本动态，分别是金（代表敛聚）、木（代表生长）、水（代表浸润）、火（代表破灭）、土（代表融合）。中国古代哲学家用五行理论来说明世界万物的形成及其相互关系。而“万物”是可以看到、称量、触摸和测量的事物，包括我们人类自己和我们的企业。

今天的宇宙起源故事是由科学、量子物理学和量子宇宙学讲述的。但是，这种科学描述与古代神话中的描述惊人地相似，尤其是古代中国的记载更是如此。量子科学认为，宇宙大爆炸后首先产生的是量子真空，这是一个未受扰动的暗场，由纯净、静止的能量组成，没有形态，因此也没有可见的特征。然后，这个起源于静止的量子（“一”）经历了激发，在静止的背景能量海中产生了运动的涟漪（“二”），并由此产生了更多的激发，即四种基本力（“三”）——所有存在的事物都由此诞生并结合在一起。但是，现代物理学的方程式和实验让我们能够更多地了解《道德经》所描述的“虚空”，即量子真空本身的性质，以及这种起源于“虚空”的力量与我们自身和我们周围世界万物的关系。这些科学知识也揭示了古代中国对这些相同事物的理解，与今天量子物理学所告诉我们的是多么地接近，以及两者都能告诉我们什么是对企业至关重要的东西。

隐与显，潜力与现实

“量子真空”和“太虚”这两个词语都具有误导性，因为二者实际上都不是空的。归根结底，我们的宇宙中不存在真正的“空”。新儒学哲学家张载谈到了“太虚之盈满”，并将其描述为无差别的。用量子物理学的语言来说，量子真空充满了“潜能”——过去、现在和将来存在的一切事物的潜能。潜能是看不见摸不着的，是无法描述的（即“道可道，非常道”）。为了被看见，为了形成可描述的特征，能量必须被激发，但构成真空的能量是绝对静止的，是不受波浪干扰的能量海洋。当能量被激发，在电磁场中变成波时，我们才能看到它；当它凝结成物质粒子时，我们才能触摸和称量它。正如量子物理学家戴维·玻姆所说：

> 在量子场论（Quantum Field Theory，QFT）中不存在所谓的“空”，我们称之为“真空”的空间里包含场能量，我们所知道的物质是场内顶部的一种微小的、“量子化”的波状激发，就像浩瀚大海中的一个微小涟漪。

量子真空是终极的背景能量场，我们所认为的现实就在这个能量场上向我们“挥手”。潜能是无形的，是孕育所有现实性的源泉，是可见之物的不可见之面。虽然看不见，但正是这种潜能，即在我们所见的“存在”中孕育的“缺席”，赋予了现实世界以方向、活力和意义。正如17世纪明朝哲学家王夫之在谈到中国诗歌中没有直接表达的内容时写道：“墨气所射，四表无穷，无字处皆其意也。”中国诗歌在表达上是松弛稀疏的，有很多留给读者自己去想象的东西。在中国传统绘画中，以雾、云、湖泊、天空本身为代表的“空”会让我们注意到当下风景和人物不可见的特征和特质。

在《孙子兵法》中，孙子建议军事领导人寻找战场上不明显的东西，挖掘潜藏在局势中的隐藏趋势，并相应地调整战略。《道德经》有言：“三十辐共一毂，当其无，有车之用。埏埴以为器，当其无，有器之用。”“有”给人便利，“空”发挥了它的作用。汉语本身不表达性别，动词没有表示过去、现在或未来的时态框架，形容词可以是动词，名词可以是动词或形容词……一切都留给听者诠释。听一个人说话，不是听他说了什么，更重要的是听他没说什么。因此，《中庸》有道：“是故君子戒慎乎其所不睹，恐惧乎其所不闻。莫见乎隐，莫显乎微。”

量子公司领导者也会寻找那些企业的未来与成功所依赖的隐藏的潜力（如地缘政治或环境破坏的可能性、未来流行病的可能性、物质成为使用对象或技术的潜力、员工创造力的潜力、客户需求的潜力、市场形式的潜力等），并为之制定战略。这些是企业“存在”所仰仗的“虚无”。它始终是存在的，始终影响着企业的可持续发展和创新。领导者可以通过多种方式来挖掘企业的潜力，如营造质疑和实验的环境，以及鼓励员工质疑事情的运作方式、了解事情为何不同或如何改进、尝试新方法或研发新产品、向客户询问他们可能喜欢的新事物或变化。每个问题或每次实验都像是将一桶水放入潜力的海洋中，等待提起一桶新的现实。

由能量构成的宇宙

我们已经知道，量子真空是万物存在的源头和基础状态，是一个纯粹的能量场，而中国古人对“太虚”的起源也有着同样的说法。公元 11 世纪，早期新儒家哲学家张载写道，能量（即“气”）是万物之源，天地万物实际上都是由能量构成的，我们所知的世界和我们自身都是由能量构成的。张载将物质描述为具体化的能量，即以不同强度振荡的能量模式或运动。通过遵循和适应这些宇宙和自然的节奏进行身体运动是太极拳的基本原理。另外，针灸的目的也是清除阻碍“气”在全身流动的障碍。一千年后，量子场论的方程和实验从科学角度证明了张载关于“气”的直觉性论述。

伟大的量子物理学家沃尔夫冈·泡利问道：“考虑到这

一点，物质和实体的旧观念还剩下什么？是能量，是万物之根本，它始终是守恒的，只是它出现的形式在变化。”物理学家戴维·玻姆准确地回应了张载之前所说的话，他说：“我们所谓的物质实际上是凝聚或冻结的光。”光子，即光的“粒子”，是无质量的纯能量束。“量子”一词本身指的是使任何事物运动或发生所需的最小能量单位。

我们在人类世界中所能看到、触摸到和测量到的一切都是动态能量的表达方式。我们自己的身体就是能量的表达方式，我们是能量、身体、思想和精神的结合体。我们建立的人类组织也是动态能量的进一步表达方式。量子公司的领导者很清楚这一点：他们以一种不同的方式来思考公司的日常流程和关系，将公司视为一个能量系统；将工厂、技能、员工及其付出的劳动视为公司的能量储备；将公司与周围环境的关系、部门与员工的关系、员工与客户的关系视为能量流动的表达方式；而且为了提高公司的效率，他们会寻找并解决阻碍或中断能量流动的部分。

保持能量和能量的流动是领导者的一项关键任务。量子领导者会将员工的动机和承诺视为能量水平，并对企业整体的能量水平和能量动态保持高度敏感。员工消极的动机，如无聊（源于太多的例行公事、太少的自主权或责任）或恐惧（害怕犯错、害怕被责骂）会吸走企业的能量；而积极的动机，如团队精神、授权感、创造力或服务，则会为企业系统注入能量。强烈的使命感是一个强大的激励因素，因此也是强大的能量来源。

一个多变的、不确定的宇宙

龙是中国的经典象征。中国的龙总是被描绘成永恒运动、形态不定的样子，就像一个刮风的午后的云朵。龙的身体不断起伏，变化莫测，呈现出不同的形状。龙充满了能量和潜能，提醒我们一切都在变化。同样在中国画中，画家也总是以弥散的、略微失焦的线条描绘山水，他们所描绘的山峦、云朵和瀑布似乎也在不断运动。《易经》是中国思想的奠基之作，以“天道”为开篇，是帮助人们明智地应对不断变化的环境的指南。中国最伟大的思想家强调这种持续、动态变化的不确定性，并建议在做出决定或制订计划时始终保持自发性。王阳明写道，圣人会顺势而为、审时度势，会在真正需要做出反应时去研究当下不断变化的条件和事件。即使在现代中国，可能直到最后一刻，计划和时间表也没有固定下来，决策也没有敲定。所有这些都是非常量子化的。对于那些喜欢可预测性和计划周密的西方人来说，这往往会让他们感到不安。

牛顿物理学描述的是一个有序、可预测、确定的世界，而量子物理学则不同，它是建立在不确定性原则基础之上的。量子变换持续地、自发地发生，完全不可预测。量子世界是"混乱的"、不确定的，科学家也只能依靠概率来预测量子系统接下来会发生什么。在量子物理学中，即使是物理学定律本身也具有龙一样的可变性，会自发地对周围环境做出反应，组成物质的碎片时而以粒子的形式出现，时而以波的形式出现，亦此亦彼。

21世纪，企业运营的环境同样是混乱和不可预测的，并以不断、快速的变化著称：传染病和战争等事件一夜之间就会发生，几乎每周都会出现新材料、新技术，消费者口味变化无常、选择多样，市场与某些事件相互关联，市场错综复杂、难以预测。量子领导者会听从王阳明的建议，只在必要时刻才做出适当的反应。对企业来说，五年规划可以作为一个指导性的愿景，但日常策略必须不断调整；结构必须设计为敏捷、反应迅速的；本身的特征可能是多样化和多变的；必须不断进行试验，接受并分散更大的风险。

由关系构成的宇宙

中国思想一直强调万事万物的相互联系。《道德经》告诉我们，万物互通、万物相联。道家和儒家都强调人际关系的重要性，认为个人是由其人际关系网络所决定的。张载在阐述宇宙是由“气”构成时说，“太虚”转化为“万物”是通过关系完成的，太虚之气通过相互联系而气化万物。因此，“气”通过关系的形成凝聚成物质。朱熹对“道”的解释是，道是万物产生的唯一原则。他认为，“夫道体之全，浑然一致，而精粗本末、内外突主之分，粲然于其中，有不可以毫厘差者”，同一个原则（即“理”）定义了中国的军事战略、治国理念、艺术、诗歌和医学的性质。在现代中国，人们仍然致力于建立和谐的关系，认为信任关系比契约更重要。每个中国人都有自己的关系圈。

牛顿物理学所描述的宇宙由独立的、孤立的原子粒子

（事物、物体）构成，这是一个支离破碎的静态现实。但量子科学与中国古代哲学相契合。与牛顿的观点相反，量子宇宙是纠缠和连贯的。万物相互关联，作为一个流动的、不断变化的整体不断向前发展。量子场论指出，宇宙是由各种关系构成的。在量子物理学中，关系取代了对因果关系的常规理解。事件的发生或情况的发展都是由不断变化的关系模式所决定的。人类世界也是如此。我们是社会的、关系的物种，我们的关系决定了我们的生活，正如戴维·玻姆所说："我们都是相互联系的，并在思想和经验的生活领域内运作。"如果改变了我们的关系，我们就改变了自己。改变造成不良局面的关系，情况就会变得更好。如果我们想让世界更美好，就要建立更好的关系。

企业也是由关系组成的，其成败取决于这些关系的存在和质量。当人与人之间、权力与权力之间、职能与职能之间的障碍被消除时，企业就能更有效、更和谐地运作。这就是量子管理提倡无边界的原因。量子公司之所以能够蓬勃发展，是因为它们是一个生态系统：员工和多职能团队相互联系、相互合作；员工了解客户，并与客户建立了良好的共创关系；公司与合作伙伴甚至竞争对手建立了关系；公司认真对待与环境和周边社区的关系。

整体论：宇宙是一个系统

宇宙的整体性直接源于这样一个事实：正如中国思想和量子物理学所认为的那样，万事万物相互联系，不存在所谓的分离。用戴维·玻姆的话说就是，分离是一种幻觉。没有任何事物是一座孤岛，没有任何一个人是一座孤岛。万事万物都存在于关系之中，万事万物都是我们的宇宙和生物世界这个更大整体的一部分。物理学中著名的马赫原理指出，理解整体是理解局部的必要条件，正如理解局部是理解整体的必要条件一样。因此，为了理解任何情况，为了有效地处理任何问题或应对任何挑战，我们必须考虑其所处的整个关系背景，考虑作用于它的一切事物以及它所作用的一切事物。这就是孙子建议军事战略家知战之地、知己知彼的原因。这种洞察力是系统思考的基础，而中国人一直是天生的系统思考者。系统思维也是量子管理的一个基本特征。

我要分享一个关于系统思维在公司战略思维中发挥作用的案例。一家食品原料供应商面临着一些挑战，公司的领导者希望大力拓展非洲市场。为了成为一家有社会责任感的量子公司，该公司的战略目标包括两个方面：提供对公众健康有益且可持续的产品，并在这个过程中提高利润率。基于非洲的整体市场环境，公司领导者必须考虑该地区特有的某些市场特征和挑战。

长期以来，非洲一直是不健康产品的倾销地，所以提供健康和可持续的食品原料将使该公司获得一定的竞争优势。在发达国家，每年人均肉类消费量为 18 千克，但在非洲，这一数字仅为 6 千克。非洲人需要更多的蛋白质，但在非洲增加牛的数量对环境不利。考虑到这种情况，该公司的战略是提供更多、更美味的植物基肉类替代品。另外，在非洲，碳酸饮料的消费量在不断增加，但大多数碳酸饮料都含有糖或不健康的、廉价的糖替代品，碳酸饮料也没有营养价值。为此，该公司的研发人员正在开发含有天然代糖和营养添加剂（如益生菌等）的碳酸饮料。因此，碳酸饮料目前在该公司产品组合中占有很大份额。但碳酸饮料耗水量巨大，而非洲正面临着气候变化造成的干旱，水将变得稀缺、昂贵，生产消耗大量水是对环境的不负责任。考虑到这一问题，该公司目前正在采取行动，以减少对这个市场的依赖。该公司的每项决策都考虑到了其所处的大环境，这正是系统思维和量子管理在行动。

动态极性：所有转变的过程

量子物理学和中国思想的一个基本特征是不关注事物、情况或事件的静止状态，而是关注它们变化的运动过程。现实永远不会停滞不前，没有什么是一成不变的。正如孔子所说："逝者如斯夫，不舍昼夜。"[①] 在中国传统中，这就是查阅《道德经》的目的：了解某种情境中变化的运动或方向，并学习最有效的方法来应对这种运动。对于中国人来说，所有的变化和转变都是由动态的阴阳两极驱动的。这也许是中国思想与西方传统理解的最大区别，它影响着量子物理学的诞生。

在几乎所有的西方思想中，极性意味着对立。黑是白的对立面，好是坏的对立面，美是丑的对立面，等等。这种非此即彼的对立或排斥是西方逻辑、一神论和当今零和博弈战略思维的核心。而在中国传统思想中，阴阳互补的两极是一

① 出自《论语》。——译者注

切事物赖以存在的基础动力。阴，即黑暗的、隐藏的、接受性的原则；阳，即光明的、可见的、创造性的原则。二者相互支持、相互依存，共同构成整体转变的动力。正如张载所说："阴阳之精互藏其宅，则各得其所安。"[①] 老子说："天下皆知美之为美，斯恶已，皆知善之为善，斯不善已。故有无相生，难易相成，长短相形，高下相倾，音声相和，前后相随。"[②]

这种相互支持、相互依赖的动态极性也是当今量子物理学中波粒二象性的精髓，尼尔斯·玻尔通过《易经》才得以理解它。

量子的波粒二象性是潜在性与现实性之间、是看不见的"无"（尚未实现）与看得见的"有"（已经实现）之间的共创性对话，是创造、破坏和再创造之间的转化动力。在被观察或测量之前，量子实体是以波状的叠加势能阵列形式存在的，遍布整个空间和时间。一旦它们被观察或测量，它们就会表现为具有固定身份和位置的粒子。著名的实验薛定谔的

① 出自《正蒙》。——译者注

② 出自《道德经》。——译者注

猫就说明了观察对量子波的奇特影响。当这只猫藏在一个封闭的盒子里时，它既是活的也是死的，但一旦打开盒子，对它进行观察，就会发现它不是活的，就是死的。但是所有的猫都有九条命，死了的量子猫或许第二天又得以重生。

正如阴总是寓于阳之中，阳也始终寓于阴之中一样，量子波的诸多潜能始终存在于外显粒子之中，而外显粒子始终会对伴随的量子波产生影响。“无”和“有”相互交织，但它们实质上是一样的。正如《道德经》所说：“此两者，同出而异名，同谓之玄，玄之又玄，众妙之门。”波粒二象性的这种阴阳动态极性是每一次转变的核心，存在于现实的各个层面——在宇宙中，在自然界中，在我们的人类生活、项目、个性和思想中，在我们的企业系统动态中。

当然，量子公司也有其阴 / 阳或波 / 粒动态极性。这意味着企业未来的决策、产品或服务已经蕴含于其现在所做的决策和所提供的产品和服务中；反过来，企业未来的决策、产品或服务也会受到当前环境的影响。在企业现在与未来之间的对话中所产生的变革动力反映在公司一方面具有创造性破坏的能力，另一方面具有创新的能力，这两种能力相辅相成。因此，企业的可持续发展取决于通过这些过程不断更新。大多数企业领导者认为，创新失败会限制企业的寿命。我认为，量子管理强调阴阳动态，它可以大大提高创新潜力，从而延长企业的寿命，甚至可能使企业如热带雨林、大城市这样的生命生态系统一样运作。

量子宇宙处于持续的变化之中，这是一个偶然的、不确定的变化过程。阴 / 阳和量子的波粒二象性都在这种不确定性和未来发展的各种可能性中茁壮成长。量子公司必须时刻准备好迎接未来。这就是敏捷性和自发适应能力至关重要的原因。量子管理所倡导的组织原则确保了这一点可以实现。

第2章

企业是生机勃勃的世界的一部分

缘溪行，忘路之远近。忽逢桃花林，夹岸数百步，中无杂树，芳草鲜美，落英缤纷。渔人甚异之，复前行，欲穷其林。

林尽水源，便得一山，山有小口，仿佛若有光。便舍船，从口入。初极狭，才通人。复行数十步，豁然开朗。土地平旷，屋舍俨然，有良田、美池、桑竹之属。阡陌交通，鸡犬相闻。其中往来种作，男女衣着，悉如外人。黄发垂髫，并怡然自乐。

陶渊明《桃花源记》

天、地、人和社会构成和谐平衡的系统

陶渊明的这篇文章体现了将人类生活视为大自然的一部分的观点在中国人的生活、艺术和思想中扮演的重要角色。中国画中的山水也凸显了这种紧密的联系。自古以来，人类总是将居所建在山林、树木、湖泊或溪流附近，因为这样可以为他们带来安全感和依靠感。《易经》告诉我们，人类只有顺应自然规律，才能产生正确的思想，从而采取正确的行动。自然是至善的本质和正义的源泉，也是构建和管理我们生活的方式。在大自然中，我们开启智慧之门，获得“道”“义”的准则和价值，实现生命的永恒创造力。

这与西方关于自然与人类生活之间的关系的观点完全不一样。传统的西方观点认为，人类与自然秩序不同、有别于自然秩序、凌驾于自然秩序之上。自然界的造物是供我们使用和开发的，自然本身是一种狂野而又危险的力量，我们必须敬畏并试图控制它。歌德在其小说《少年维特之烦恼》（*Goethe's Sorrows of Young Werther*）写道：“大自然创造的一切都在吞噬自身以及靠近它的一切物体，因此，在大地、空气和一切活跃力量的包围中，我痛苦地徘徊在自己的路上。对我来说，宇宙是一个可怕的怪物，它永远都在吞噬自己的

后代。”

对中国人而言，天、地、人以及我们人类的社会都是一个和谐平衡的系统的组成部分。在中国文化中，军事战略、善治、医学和艺术都遵循中国哲学中的相同原则，这些原则反映了天道（宇宙和自然之道）。《中庸》有言：“致中和，天地位焉，万物育焉。”意思就是，天地万物各安其位，万物有序运转，则为中庸之道。道法与四季更替、日月更替、昼夜更替的法则相一致，正是如此之道，使得宇宙如此伟大。一千年后的今天，随着量子科学的进步，这一思想已经被证实，人们也建立了相应的理论。

所有生命系统都是复杂适应系统

在科学家对量子宇宙的秩序和现实的多层面描述中，我们看到相同的法则和原则在宇宙事件的起源、地球生命的进化过程、我们自己的身体细胞以及我们自发的社会活动的组织和开展方式中得到了表达。当我们在本书的第 4 章中研究人类意识和思维的运作方式时，我们会发现这些法则在我们思考和认识世界的很多方式中也发挥着作用。新道家哲学家王弼认为，“名教出于自然”。近三千年后，著名的复杂性科学家杰弗里·韦斯特（Geoffrey West）延续了王弼的思想，他补充说：“企业也不例外！”

2017 年，美国圣塔菲研究所（Santa Fe Institute）所长、杰出教授杰弗里·韦斯特带领研究组对各种复杂系统的规模现象做了精细的研究，并发现了生命体、城市、公司中普遍遵循的规模法则（Scaling Law）。他的著作《规模》（*Scale*）迅速成为畅销书。这本书为中国古代的直觉增添了更多的科学可信度。最初，复杂性科学发现了复杂自适应系统，即通过生命系统表达自己的量子物理学，跨越了物理学和生命科学之间的鸿沟。量子物理学对非生命系统的每一条定义原则，都与复杂性科学对生命系统的原则相匹配。复杂自适应系统是指所有构成部分同时相互影响和被影响的系统。此外，在系统内部各部分相互适应的同时，系统也在与其外部环境相互适应。整个组合（即系统加环境）是一个动态的、互动的和共同创造的超级系统，其中一系列复杂的非线性反馈回路违背了因果法则。詹姆斯·洛夫洛克（James Lovelock）的盖亚假说（Gaia hypothesis）提出，地球上的生物体与其非生物环境之间存在着一种相互的、自我调节的关系，它所描述的就是这样一种复杂的适应性动态关系。

事实上，从最简单的细菌到我们人类自身，所有的生命系统都是复杂适应系统。这些系统的发展、自我维持和创造性进化都采用了与量子宇宙运作原理相同的原则，即自发性（非确定论）、整体性、语境主义和自组织原则。复杂适应系统是有活力的量子系统，复杂性科学将其触角从量子物理学逐步扩展到企业，为企业注入活力。韦斯特和他在圣塔菲研究所的同事、著名经济学家布莱恩·阿瑟（Brian Arthur）证明，全球经济、自发形成的社会团体以及城市等人类的组织系统，最好也被理解为复杂适应系统，而且如果我们的企业能够自组织，当这些相同的组织原则发挥作用时，我们的企业势必能够持续繁荣发展，并成为有活力的量子系统。复杂性科学告诉我们，自然界的事物如此，我们人类的秩序也应该如此或者说最好如此。

量子企业的自然特征

如今，很多意识更强的企业领导者正在寻求新的思路，以更好地构建和管理他们的组织。他们意识到，在由不确定性、快速变化以及假定的外部因素（如竞争对手的成功与失败、气候变化、经济不稳定、地缘政治格局变动、流行病以及本地区或遥远地区和国家的社会经济状况等）之间不可否认的联系所定义的新商业现实中，以自上而下的管理控制、不灵活的金字塔式权力层级结构为组织和领导方式的企业正在经历阵痛，而且往往会失败。所有这些因素都会影响供应链以及客户的选择和需求。在我们的宇宙中，没有任何东西是孤立存在的，企业不能再自以为是孤岛。

基于复杂性科学的发现，量子管理学告诉我们，只有当企业成为自然的一部分、成为复杂适应系统的一部分的时候，才能最好地确保可持续发展、不断创新和增长。企业领导者必须认识到，他们不是能熟练操作机器的工程师，而是大自然的管家，就像一位好农夫能照料他的庄稼一样，照料他们的组织。

» 量子企业如何作为复杂适应系统运作

量子管理要求结束自上而下的控制，消除官僚主义和金字塔式的权力结构，采用由小型、自组织和多功能团队组成的互联网络的分布式决策，每个团队都与客户、其他公司和社会保持密切的互动关系。这些都是作为复杂适应系统运作的企业的自然特征，因为它们反映了这种系统的决定性特点。

» 自组织

复杂适应系统是一种自组织系统，由内部逻辑驱动，不受外力或中心力量的控制。这种系统似乎具有一种自我意识或内在指南针，“知道”如何根据需要以最佳方式成长和适应。事实上，复杂性科学已经发现，一旦对这种系统施加任何形式的外部干扰或控制，它就会立即破坏其自组织能力，使系统失去活力和进化能力，导致系统死亡。这种自发的自组织能力是西方主流思想所不了解的。

中国人一直相信“道”（即宇宙的组织原则）是自发的、不可预测的，而西方思想则一直相信宇宙是由上帝或理性设计的，就连牛顿也相信是上帝设计了物理定律，而物理定律又反过来严格控制着所有事件。正如我们所知，牛顿将宇宙比作一台巨大的发条机器。因此，受牛顿物理学启发的西方管理学认为，企业也应该被设计成可靠、可预测的机器，并受到控制。然而，量子技术的发展使世界变得更加快速、互联，以及更具自组织能力。企业必须适应数字化的量子时代。工厂的车间中出现了新人工智能技术，通过编程和算法设计的迭代，它们似乎会用自己的自组织能力来“思考”，并产生出人意料的结果，让人感觉它们已经不受人类控制。这就是人工智能看起来越来越可怕的原因，我们觉得自己可能会被它控制。

量子物理学和复杂性科学滋生了更加不确定和有机的世界观，受到这些世界观启发的量子公司被视为一个生命系统，而不是一台机器，它们是自组织公司。它们也必须摆脱破坏性的自上而下的控制（即西方的管理方式）。量子公司给予领导者和员工充足的信任，让他们知道自己在做什么，知道什么是对公司最好的，从而拥有自主权和决策权。英国玛莎百货（Marks&Spencer）的前总经理安德鲁·斯通（Andrew Stone）曾给我写信说：“我工作的公司似乎有自己的大脑，即使我们晚上都回家了，它还在继续运转和思考。”多年前，海尔前 CEO 张瑞敏提出了“人单合一”管理模式。他说自己年轻时的理想是经营一家允许员工思考的公司。

2012年，张瑞敏放弃了自上而下的领导权，开始采用“人单合一”的管理模式，并将海尔重组为4000个自主、多功能、面向客户的“小微企业”，在这些小团队中工作的海尔员工有权做出关于其团队活动的所有决定，聘用所需要的新团队成员，并自行决定如何分配每个团队的利润。每个小微企业都是一家独立的公司。海尔的座右铭变成了“在海尔，每个人都可以成为自己的CEO”。在海尔，每个人都是思想家。

» 混沌边缘

面对不确定性和不可预测的快速变化，大多数遵循传统的“一切照旧”模式的领导者都想加强控制，以提高稳定性、尽可能减少不确定性和干扰，从而降低管理风险。那些向自然界寻求管理经验的传统领导者通常会以人体的免疫系统为例，描述免疫系统是如何稳定自身以抵御感染的，但这恰恰是免疫系统无法做到的。入侵我们身体、使我们生病的病毒和细菌不断变异，它们总是试图战胜身体的免疫防御系统，毕竟，它们本身就是适应系统。免疫系统要想领先入侵者一步，就必须处于不稳定的边缘，随时准备向任何需要的方向自发进化。正是这种不稳定性构成了免疫系统自身灵活性和适应性的基础。在复杂性科学中，这种极端不稳定的区域被称为混沌边缘，是秩序和混乱之间的创造性交汇点。事实上，我们人类的许多生物功能，如嗅觉和大脑处理视觉的方式，都处于混沌边缘，创新思维和大部分学习能力也是如此。人类婴儿的大脑就处于混沌边缘，其神经元放电方式近乎混沌的不稳定性使婴儿能够迅速适应环境，无论是物理环境还是文化环境。正是这种内部混沌使我们的大脑成为自然界最有效的学习组织，使儿童成为最有前途的学生。在富有创造力的成年人（如艺术家、音乐家、诗人和科学家）中，“遭受”某种程度的精神不稳定的比例远远高于平均水平。

混乱和不稳定是企业创新的重要元素，而混沌边缘对于我们理解这一结论至关重要。“混沌边缘”的概念最早由诺贝尔化学奖获得者、复杂性科学奠基人伊利亚·普里高津（Ilya Prigogine）引入科学领域。普里高津区分了封闭系统和开放系统。封闭系统完全在自己的边界内运作，与周围环境是单向关系。它们可以像任何机器一样产生能量或运动，并对周围环境产生一定的影响，但它们本身并不会受外部影响而发生内部变化。它们是稳定的、可预测的，但并不具有创造力，形同自身的孤岛。相比之下，开放系统与周围环境不断进行共同创造的对话，在与周围环境相互作用并产生影响的过程中，它们自身也在发生变化。它们没有硬性的界限，没有固定的、确定的结构，它们不稳定、不可预测，却永远充满创造力。开放系统在混沌中创造秩序，以混乱为生。所有的复杂适应系统都是开放系统。与客户及其不断变化的需求和品味互动共创，同时相应地进行自我改造的量子公司也是开放系统，它们必须具备灵活（不稳定）的基础设施、战略和运营模式，这些都处于混沌边缘。虽然处于混沌边缘，但开放系统有能力创造既稳定又充满活力的新秩序。创新型公司能够创建新的工作方式以及推出新的产品和服务。

正是人们错误地认为稳定性和可预测性对企业有利，才使得官僚主义对企业如此具有吸引力。官僚主义会让一切放慢速度，“消除”草率的决定，确保高层的命令得到执行。官僚主义将企业中所有不同的部门、职能和员工组织起来，形成一个僵化的金字塔式权力结构。有了这个结构，一连串的命令被层层缓慢传达，每个阶段都有相应的中层管理人员负责。著名思想家马克斯·韦伯（Max Weber）将其描述为“铁笼”，但控制论专家海因茨·冯·福斯特（Heinz von Foerster）认为，系统中各要素之间的联系越是紧密，它们对整个系统的影响就越小；联系越是紧密，系统中的每个元素对整体的疏离程度越大。

简而言之，官僚主义破坏了自然有机体的活力和整体性，其僵化的结构为组织强加了明确的界限，将企业分割成独立的、各自为政的部分和职能，而它们都无法有效地把握企业的整体目标或战略。员工没有任何自主权或决策权，只是简单地遵循规则和命令行事，他们不清楚自己工作的目的和产出，因此可能会逐渐疏离于整个组织。官僚主义将企业这样有生命的系统变成了一部纯粹的机器，虽然可预测、稳定、可控制，但用途和寿命有限，员工也成了机器上的零件。因此，量子管理呼吁消除官僚主义，鼓励企业领导者去学习彼得·布鲁克（Peter Brook）等“戏剧大师”的建议。

布鲁克以倡导最后一刻的即兴创作而闻名，他解释说，他不喜欢由著名雕塑家或艺术家事先设计好的固定舞台布景，因为外部强加的布景会限制并削弱作品的生命力。他说：“我们需要的是一种不完整的设计，一种清晰而不死板的设计，一种可以被称为‘开放’而不是‘封闭’的设计。一个真正的舞台设计师会认为，他的设计始终是动态的，并且与演员在场景中的表现息息相关。他越晚做出最终决定越好。”

中国画、有机生命体和量子公司都是动态的、有生命的。我们的身体、我们的思想和我们的企业不仅仅能够容忍不确定性，它们还能利用不确定性并因此获得更好的发展。这些复杂适应系统具有我们在孩子身上发现的那些非常可爱的品质，他们勇于探索、富有创造力、爱玩，就像大自然本身一样。

» 灵活性 / 适应性

当今的不确定性和快速变化要求企业不断适应。复杂适应系统内部结构的灵活使其具有非常强的适应性。就像我们的大脑一样，它们的结构是可塑的，很容易改变。没有什么是固定不变的，因此当面对新挑战或机遇时，它们可以自由地快速适应。中国思想和量子科学都推崇变化和事件的不确定性，整部《易经》都致力于帮助读者明智地应对这种不确定性，而道家、佛家和儒家都强调自发性对于快速应对事件不确定性的重要性。中国艺术和书法都要求艺术家或执笔者自发地表达情感。当然，量子物理学强调所有变化都是不确定的，其本身也建立在不确定性原则之上。量子管理要求企业具有灵活性和自发性，可以随时准备改变计划或决策，以快速应对商业环境中的快速变化和不确定性。

为了具备灵活性和自发性，量子公司需要摒弃烦琐的官僚主义，并将权力分配给规模较小的自治团队网络。只有这样，员工才能够迅速做出决定，而无须等待一长串上级的审批。如上所述，摒弃官僚主义的另一个原因是，不确定性本身蕴含的创造潜力。不确定性通常伴随着创造潜力产生之前的无序和混乱。不确定性不仅是可取的，而且是必要的。

为了确保自身的适应性，量子公司的小型自组织团队具有极其灵活的构成，它们的边界是松散的，团队成员可以根据自己的技能选择并进入最适合的团队。这些团队就像公司本身一样，在不断地自我改造。在沃尔沃公司的量子组织转型期间，工程师们的办公桌椅都装上了轮子，便于员工在工作时在不同团队之间轻松移动。

» 整体性

与所有量子系统一样，复杂适应系统也是整体性的——万事万物相互关联、相互反应。正如中医学所说，生命系统中的各个器官相互关联、相互反应，所有器官都会对整个系统的任何变化做出反应。人体不能被分解成一个个独立器官的集合体，任何疾病或功能障碍都必须被视为整个系统的薄弱点，必须对其进行治疗。我们不能将量子系统分解成更小的部分来理解它们。部分离开了整体就不再有意义，而整体总是大于部分之和。

量子公司会尽一切可能消除内部和外部的界限、壁垒和边界。因此，尽管一家公司采用自己改编的“人单合一”模式已经转型为一个独立的小团队集合体，但这些团队会在一个动态网络中相互连接、沟通和合作，公司整体的力量大于其部分的总和，而且所有小团队都与客户保持着密切、互动和共创的关系。量子公司的员工了解他们的客户，他们不仅在线上进行客户满意度调查，还与客户进行面对面的交谈。销售人员会记住客户的生日，参加客户的红白喜事。罗氏（Roche）印度公司的销售人员在与医生和医院院长沟通时会说“我可以怎么帮到您”，而不是“我能卖给你什么”。

量子公司的团队和客户网络结合在一起，像有活力的生态系统一样运作，每个部分都在不断适应其他部分的变化和周围环境的变化。客户不断变化的需求和品味成为新产品和新服务的创意来源，这些创意反过来又为客户带来了更高的生活质量。例如，海尔会定期邀请客户分享关于新产品或新技术的想法，并给予奖励。海尔等量子公司会将其他公司（有时甚至是竞争对手）纳入其生态系统，共同研发场景产品或成立合资企业。

量子公司还与当地社区建立了牢固的关系。它们为当地项目提供资金，为当地人提供就业和培训的机会，甚至可能允许社区成员使用它们的设施，而且它们还纳税。美国的通用电气（GE Electronics）公司允许当地学生在课余时间使用其 First Build 设计和工程实验室；中国的大汉集团（Dahan Group）出资为当地学生建造了一个大型传统工艺培训中心；斯洛文尼亚的一家玻璃公司允许当地居民使用其体育中心。我们将在本书的第三部分中看到更多详细的实例，看看几家中国公司是如何通过与客户和社区建立更全面的关系而蓬勃发展的。

» 目的性

中国传统思想和量子科学都强调，宇宙和自然界是由一种底层的目的感驱动的，组织原则在发挥着作用，推动它们朝着一个明确的方向发展。量子物理学告诉我们，宇宙是由关系驱动的，所有的现实都是由关系构成的。这种朝向更多关系的宇宙驱动力是朝向创造更复杂的事物，从而创造更多信息的驱动力。可以说，复杂性和信息的扩展是宇宙的驱动力。复杂适应系统具有探索性和进化性，并且始终以增长为动力。可持续性和增长是它们的目的。更先进的生物体也包含更多的遗传信息，信息包含意义。因此，戴维·玻姆等量子物理学家认为，宇宙本身，包括自然界，都充满了意义，或者说它们甚至是由意义构成的。

我们人类的生活也是由我们对目的和意义的需求和追求所驱动的。我在关于“魂商”的书中写道，我们会为了一项对我们有意义的活动或事业牺牲很多东西，有时甚至是生命本身。这种对意义的追求，即一种我们的生活或活动是有意义的、是重要的、是与众不同的感觉，是我们所有积极动机的基础。传统的管理实践简单地将员工视为生产工具，希望他们只是简单地听从上级的命令并按指示行事，却忽略了工作的意义。大多数员工现在都受过更好的教育，他们对于工作的期待不仅仅是赚取工资。许多企业并没有意识到这一现实，更无法从中受益。越来越多的员工，尤其是年轻员工，现在追求的是无形的东西，如工作的目的感和意义，以及更多地发挥其潜力的机会。他们想要行动，想要做决定，想要真切感受到自己的工作在发挥作用。当他们得不到这些东西时，他们的积极性会降低，健康会受到影响，缺勤率和流失率会上升，生产率会降低。

由于量子管理理论涉及的是人类系统，因此该理论的一个重要部分认为，企业中员工的工作目的、价值观、愿望和动机以及新兴的组织文化，都必须被视为任何成功企业的系统动态的一部分加以考虑。因此，量子公司的领导者总是会通过问“我们的目的是什么”“我们的价值观是什么”“是什么在驱动我们的员工”这样的问题来明确方向。劳拉·贝泽拉（Lara Bezerra）深谙此道，在担任罗氏印度公司的董事总经理时，她将自己的职位名称改为首席目的官。她通过赋予员工更高的使命感来激励并告诉他们，他们不是单纯的销售人员，而是作为医生的助手，致力于为印度人民提供更好的医疗保健。正如员工往往会为了获得一份更有意义和目标感的工作而愿意接受降薪一样，企业的目的也不能仅限于追求利润。更广泛的目的必须是有意义的，是能够激励和鼓舞员工尽其所能的，是能够激发客户忠诚度的。目的驱动型企业势必会在这个目的驱动的宇宙中茁壮成长。

第3章

领导力与企业的更高境界

万物皆备于我。

孟子

当有人告诉企业的领导者，他们的领导力实践在宇宙进化中扮演着关键角色，以及理解这一点是实现新范式量子管理的意义和重要性所需的思维方式的一部分时，他们可能会觉得非常奇怪。

共感合一

了解全人类，尤其是领导者，与宇宙现实本身有着共同创造的关系，使我们的生活和领导工作有了更广的维度和更大的意义。它帮助我们理解，领导是一种精神上的职业，有更高的意义和目的，也有更大的责任，而不仅仅是确保企业盈利，对待员工的方式也不仅仅是确保他们按要求行事。量子领导者是现实的缔造者，是世界的缔造者，是万物的缔造者。在创造的过程中，他们成了宇宙进化本身的伙伴。

当然，对于熟悉中国传统智慧的人来说，我刚才提出的关于领导者与宇宙之间真正重要的关系的设想似乎并不奇怪。中国人始终相信，天道即人道。庄子说："天地与我并生，万物与我为一。"张载说："乾称父，坤称母；予兹藐焉，乃混然中处。故天地之塞，吾其体；天地之帅，吾其性。民，吾同胞；物，吾与也。"[①]他还说："为天地立心，为生民立命，为往圣继绝学，为万事开太平。"作为所有中国

① 意思是，《易经》的乾卦，表示天道创造的奥秘，称作万物之父；坤卦表示万物生成的物质性原则与结构性原则，称作万物之母。我如此地藐小，却混有天地之道于一身，而处于天地之间。这样看来，充塞于天地之间的（坤地之气），就是我的形色之体；而引领统帅天地万物以成其变化的，就是我的天然本性。人民百姓是我同胞的兄弟姊妹，而万物皆与我为同类。——译者注

思想的起源,《易经》将人类描述为天地之间的桥梁，这座桥梁将潜藏在更大的宇宙（量子真空）中的所有潜能和秩序带到我们在地球上所能创造的事物中，即带到我们所建立的社会中，带到我们的生活方式和我们建立的关系中，带到我们的企业中。

所有人都是桥梁，但领导者是最重要的桥梁，他们为他人指明方向。企业的领导者承载着上天（即宇宙和自然）的原材料，并将它们转化为产品和服务，从而塑造我们在地球上的生活。企业的每一次创新都会激发新的潜力，带来新的现实，是对上天的补充和丰富。中国现代哲学家方东美（Thome Fang）描述了人与宇宙之间的共同创造性，即“共感合一”。他认为，人的创造性进步和宇宙的创造性进步是在同一条轨道上进行的，即我是宇宙丰盈中的物质，我是浩瀚宇宙力量中的主要生命力……人不会与宇宙分离，宇宙也不会与人分离。

所有这些关于我们人类、自然和宇宙之间的共同创造力或共鸣和谐的说法都与西方的主流思想格格不入。西方人一直将自然视为敌对的、需要控制或利用的东西，宇宙似乎浩瀚而遥远。当16世纪和17世纪出现对宇宙的科学认识时，牛顿物理学认为人类与宇宙无关，我们只是观察者、旁观者、被动的见证者，见证着一个受机械定律支配的无生命的宇宙。这种“我们是陌生土地上的陌生人”的思维模式让西方人普遍产生了疏离感、无助感和受害感。现在，在太空旅行时代，我们开始征服宇宙，就像我们一直在征服自然一样。我们与宇宙之间普遍存在着“我们对抗他们”的零和心态。但是，如果西方人能够更好地理解他们自己发现的量子科学，或许就会出现一种不那么失败和好斗的心态。

参与式宇宙

西方逻辑学总是将主体和客体、观察者和他们所观察的事物截然区分开来。作为观察者，我站在事物和事件之外，将自己与它们分开，将它们视为他者，视为影响我或我可以通过某种外力作用于它们的物体或事件。但量子物理学证明，不存在这样的区分，也不存在这样的分离。量子物理学描述了一个参与式宇宙，在这个宇宙中，任何事件、情况或事物的观察者与被观察的事件、情况或事物都是一个动态过程中的共同创造伙伴，类似于中国的阴阳动态。我观察事物或与之互动的方式决定了我将观察到什么。如果我的观察或互动方式不同，那么我所观察或互动的事物本身也会不同。这不仅仅是视角的不同。我的观察或互动实际上决定了我所观察到的事物的存在、现实、实际物理属性或特征。量子物理学中的著名实验——双缝实验（two-slit experiment）有力地证明了观察的这种创造性。

正如我们之前所说的，20 世纪初的物理学家对光是由一系列波组成还是由粒子流组成的这一问题感到困惑。他们发现，当他们将一束光（一束光子）穿过一个不透明的屏障时，在这个屏障上可以打开一个或两个狭缝，打开狭缝的数量决定了他们在光束穿过屏障后观察到的东西的性质。如果他们只打开屏障上的一个狭缝，光就会以粒子流的形式出现，并在光电倍增管中记录为一系列独特的咔嗒声。但是，如果他们打开光可以通过的两个狭缝，光就会以一系列波的形式出现，在屏幕上形成干涉图案。正如我们之前所讨论的，在量子层面上，光既是波状的，也是粒子状的，是两种潜能的叠加。但是，双缝实验清楚地表明，在我们日常的现实生活中，光的双重性质的哪一面表现为实际的、可测量的实体，取决于我们选择如何去观察它。是我们设定了观察条件的行为创造了我们所看到的实体。

我们人类身处世界之中，不仅是世界的观察者，还创造了世界。在创造世界的过程中，我们创造了更多的潜能。这些潜能既改变了世界，又塑造了宇宙本身。在创造现在的同时，我们也在创造未来。德国诗人莱纳·玛利亚·里尔克（Rainer Marie Rilke）写道："我们是不可见之物的蜜蜂。我们疯狂采集看得见的蜂蜜，贮藏在金色的蜂箱里。"用量子物理学的语言来说就是，我们可以说是量子真空的介质，将储存在量子真空中的浩瀚潜能海洋中的各种元素转化为新的现实。我们每个人，每时每刻，都在通过我们所做的决定、选择和行动创造新的现实，创造世界，塑造未来。这就是企业创新的真正意义，也是挖掘每一位员工潜力的真正原因。每个人都很重要，每个人都会产生影响，每个人都携带着量子真空的无限潜能。我们是世界的创造者。领导者所做的决定和选择以及他们所采取的行动都会产生深远的影响。他们创建的企业成为共同创造的积极介质，几乎每一个有大脑的人类都在不同程度地改变着天和地。

» 企业也是有意识的介质

英国的安德鲁·斯通勋爵（Lord Andrew Stone）在一封自我介绍的信中首次向我提出了这样一个观点：每家公司都有“大脑”，这些“大脑”就像有意识的介质一样，发挥着与人类类似的功能。斯通当时是零售业巨头玛莎百货公司的全球联席董事总经理，他是少数几位公开承认自己的领导风格深受量子科学和20世纪其他新科学范式思想影响的西方商界领袖之一。他写道：“我在一栋大楼里工作，这栋大楼里有3000人，他们是组织‘大脑’中的各个‘神经元’。这家公司在全球有60 000名员工，有100多年的历史，有思想、意志和智慧，即使办公室关闭，这些人也都还在，但这取决于构成它的个人之间的互动。”

在后来与我的交谈中，斯通勋爵谈到了他的公司不断发展的个性，以及多年来选择具有不同风格或愿景的领导者的直觉，因为他们是当时所需要的领导者。他说：“公司本身的运作在某种程度上超越了其单个成员（如CEO、董事会主席、员工、股东等）的行动和决定。公司也像所有其他生命系统一样，是自组织系统，具有内在方向感的持续动态能量模式，知道如何自我维持、成长和发展。它们与宇宙本身的内在方向保持一致，不断创建新的关系，使复杂性和信息不断增加。它们也创造了人。

» 我们创造了自己和他人

量子物理学所揭示的观察者与被观察者之间动态的、共同创造的关系意味着，当我们通过与潜能互动来创造新的现实时，我们同时也在创造我们自身的新特征。现实的创造是一个相互的、双向的过程。中国人一直都明白这一点。当他们的风景画家与其所画的自然景物“融为一体”时，他们认为在创造艺术的同时，他们也在创造自己。有位女诗人曾写道：

> 你在自然中的一切美好
> 都雕刻在我身上；
> 我的一切，甜美而纯洁
> 都将渗入你的身体。

每当我们通过提出一个探究性问题、在创新的过程中做一个实验、做出一个重大决定或根据直觉采取行动来寻求新的理解时，我们既是在创造新的“答案”（还记得海森堡的不确定性原理吗），也是在自己的大脑中创造新的神经通路。这些新的神经通路反过来又会改变我们的个性、性格和能力，甚至我们的健康。研究发现，我们是什么样的人，50%是由我们的遗传基因决定的，而剩下的50%则随着我们多年的生活经历而形成和改变。在日常生活中，我们可以选择学习什么、探索什么、如何应对生活中的挑战和机遇、如何或是否约束来自低级大脑的许多本能诱惑（即我们的动物本能），在很大程度上，我们是自己的作者。中国哲人通过经验和直觉认识到了这一点，这就是为什么他们如此强烈地倡导质疑、自律和终生自我修养，并将其作为通往圣贤的理想之路。就我而言，我从量子科学的广泛影响中汲取灵感，为量子科学倡导这些相同的理想。

当然，我们也创造了自己，并被我们所形成的关系所创造。我们在第1章中看到，在我们的宇宙中，关系是一切现实的基础。每当两个量子实体在关系中结合在一起，就会产生新的东西，这种新的东西大于其各部分的总和（量子涌现）。同样，每当两个人形成一种关系时，他们每个人都会表现或发展出这种关系所特有的个人特征或行为。在不同的关系中，他们会成为不同的人。在很大程度上，我们就是我们的关系，而我们的关系又进一步创造了现实。在我们的量子宇宙中，新的实体总是大于其各部分的总和。这就是为什么身处人群中的个体会表现出不同于独处时的群体行为。正如斯通勋爵在谈到玛莎百货公司时所说的那样，这也是为什么像企业这样拥有众多关系的组织能够拥有“大脑”和“个性”，而且其功能超越了单个成员的行动和决定。但是，如果改变构成企业的这些关系的性质，企业就会拥有不同的“大脑”，从而产生不同的业绩。这给领导者上了重要的一课。企业不仅仅创造产品、服务和自身，通过企业中存在的关系和文化，它们还创造了员工。

一天晚上，我和我的朋友陈锋在杭州散步，他是天健水务集团的创始人兼 CEO。天健水务始创于 2003 年，是一家致力于现代化水处理设备与系统研发、生产及工程应用的中国高新技术企业，正迅速成为中国最大的水处理公司之一。陈锋问我：“您认为我的产品是什么？”

“当然是水。”我回答。

“不，”他说，“我的产品是人。我想打造‘天健人’，我想让天健人成为全中国商界的榜样。”他将自己正在打造的企业文化称为君子文化。这一理念源于儒家的君子，他们终身学习，修身养性，以此更好地服务社会，成为更有效的天地桥梁。

所有天健的新员工都要接受为期三天的培训 / 入职培训，以熟悉公司的企业文化和对他们的要求。他们被告知，公司的价值观强调学习和服务。培训内容包括《道德经》中的一些教诲，如“上善若水”。这是强调，就像水一样，可以自由流动，并根据前进道路上的障碍调整自己的方向，员工及其工作也必须具有灵活性和适应性。公司名称“天健”取自《易经》中“天行健，君子以自强不息”，“天”即天或天空，“健”即能量或强健，“行”即运行或经营。也就是说，天健是一家以创新和能量为驱动的公司，最终将成为上天（宇宙）创造的能量伙伴。

为了鼓励员工学习和提高自我修养，天健公司总部有一个学习岛，那是一条很长的走廊，上面摆满了推荐的书籍。为了鼓励员工养成良好的品格，新员工会被告知，决不允许在部门间和部门内拉帮结派，搞阴谋诡计，绝不允许对上司和客户撒谎和隐瞒。这些问题在许多管理不善的企业中是非常普遍的。在天健公司，整体（公司、团队）大于各部分之和，每个人都要对整体负责；客户才是真正的老板，管理的最终目标是管理好自己；不断公开提问是公司的文化。陈锋说："提问是最重要的能力。重要的是，要向那些与你意见相左的人提问，而不仅仅是向那些与你意见一致的人提问。"他鼓励员工向他提问。

天健水务是一家快乐、气氛融洽的公司。在这里，人与人之间的关系得到了培养和珍视。陈锋本人也深受员工爱戴，他经常到医院探望生病的员工，亲自到车站迎接从农村来探望员工的父母。一位员工对我说："他是我们的父亲，也是我们的兄弟。"一位高级副总裁补充说："在这里，我感到安全。无论遇到什么困难，我都会感到安全和支持，因为公司始终是我的后盾。"

陈锋无疑是一位量子领导者。他关心员工，培养他们的潜力。他友善地对待员工，尊重并信任他们，让他们可以自由地做出决定，直接与客户打交道，并自行安排工作。他向员工支付相应的高薪酬。他深知，积极的动力和使命感（天道酬勤）将使公司保持高能量水平，而他的管理方式能够使能量像水一样在公司中自由流动。这样做的结果是，员工工作愉快、富有成效，公司不断创新。

像陈峰这样的商界领袖太罕见了。在很多企业中，官僚主义抑制了人际关系，阻碍了能量的流动，员工的潜能被浪费，因为他们受到管理者的严格控制，只能听从指挥，照章办事。管理者不鼓励员工提出问题和进行思考，告诉员工犯错会受到惩罚，从而扼杀了实验的积极性。管理者们得到奖金，而员工们的工资却很低。员工被认为只是生产和为股东创造价值的工具，是企业机器上可替换的零件。员工在工作中找不到意义和目标，感到不被尊重，经常受到恃强凌弱的管理者的辱骂和羞辱，他们不快乐，没有动力。他们来上班只是因为必须在某个地方谋生。结果是形成了一种恐惧文化，员工经常因病缺勤，所以流动性高，生产效率低下，创新能力弱，而受损的是被浪费的人才和潜能。这些企业可能会在短期内获得以利润率为底线的成功，但这种成功破坏了企业的可持续发展和创新进化。这种自上而下的旧范式管理无疑是不负责任的管理，是对宇宙的不负责任。

» 对世界负责

我们创造了新的现实，我们创造了自己和他人，我们创造了世界。这为我们的生活提供了目的和意义，或许还有灵感，甚至愿望。但这也要求我们每个人承担责任：我们要对自己创造的现实负责；我们有责任让自己成为最优秀的人，不浪费自己的潜力；我们要对他人负责，与他们建立关系，让他们和我们自己都发挥出最好的一面；我们要对世界负责，确保我们的生活有所作为，以某种方式让世界变得更美好。每个人都有这种责任。

我们每个人在一生中都会给这个世界带来新的东西或人（我们的孩子、我们的劳动成果等），都会用自己的自由意志做出选择，并做出影响自己和他人的行为。我们每个人都为自己创造了一个“世界”，一个由各种事物、活动、人物、事件等组成的整体，构成了我们个人所有的生活体验。因为万物相联，又是彼此的一部分，所以我们每个人创建的个人“世界”都是我们称之为“世界”的更大现实的组成部分。因此，我们每个人都为创造世界做出了贡献，并因此对世界负有责任。

但是，企业创造新现实和塑造现有现实的规模赋予了企业领导者更大的责任。这些领导者创建的企业所制造或生产的产品或推出的服务触及并影响着世界上每个人的生活，在许多情况下还影响着环境、地球，甚至地球上的生命能否继续存在下去。企业领导者雇用着地球上的大多数人，并决定着人们的工作和生活条件，决定着人们有多少潜力得以发挥或被浪费。他们的企业创造了社会和经济运行所需的工作岗位和财富；他们的创新将量子潜能转化为日常现实；他们的财富和权力赋予他们影响力，可能进而影响那些可能会对每一个人、每一件事产生影响的政策决定。这些领导者和他们的企业大规模地创造着世界，他们的创新和创业实践塑造着宇宙。

在中国几千年的帝制时代，皇帝被认为具有统治人民和天下的"天命"，其权威得到了上天的认可，但这种"天命"是一种相互契约。作为权力的交换，皇帝对上天负有责任，必须照顾好人民和所有受其统治影响的人。如果他没有履行这个责任，他就被视为失去了"天命"，人民有权起来反抗他。在中国历史上，大多数不得民心的皇帝丧失了"天命"，人民揭竿而起，取而代之，形成了新的统治王朝。

量子宇宙的物理学赋予了我们人类一种天命，具有相互约束的条件。我们被赋予了创造世界的力量，但作为交换，我们是世界的管理者和守护者。如果我们创造的事物、关系或环境损害了他人或世界本身，那么他们或者它们就会起来反对我们。这些人可能是消费者或员工，他们会反对企业的产品、服务或用工方式，他们的反抗会终结 CEO 的统治、企业的存在，甚至是企业本身的主导地位。就地球而言，人造物所造成的破坏已经导致地球的气候变化，对我们非常不利。如果我们不尽快纠正自己的行为，这将终结我们人类的“王朝统治”（即我们的文明），或许还将终结我们作为一个物种的存在。我们在宇宙中被赋予的角色所带来的机遇是巨大的，但责任以及我们如何承担这一责任的后果也是巨大的。中国的哲学家告诉我们，我们必须使自己有价值。正如中国当代著名学者杜维明所说：

> 我们参与自然界生命力内部共振的前提条件是我们自身的内在转变。除非我们能够首先调和自己的情感和思想，否则我们就无法融入大自然，更不用说与天地精神往来了。诚然，我们与自然融为一体。但作为人类，我们必须让自己配得上这种关系。

第 4 章

领导者的思维

无论我们对意识与人类全部精神能力和经验之间关系的最终和彻底的理解如何，大脑都在联结我们与周围世界以及塑造我们所知的世界方面发挥着关键作用。这对领导者的重要性在于，如果他们了解自己大脑的能力，了解如何让大脑发挥最大作用，他们就会获得宝贵的智慧，知道如何以最佳方式领导自己的公司，并成为优秀的量子领导者。让我们来看看目前神经科学所理解的心灵、大脑和思维之间的联系。

心灵、大脑和思维的联系

我们已经看到，企业和所有生命系统一样，如果能够像复杂适应系统那样运行，就能发挥最佳功能。但是对于大多数企业来说，这是对其组织架构和领导力的严峻挑战。领导者必须进行范式转变，必须改变思维背后的思考方式。首先，他们必须意识到自己的行为受到了过时范式的影响，并了解这种影响是如何影响他们的管理实践和企业业绩的。然后，他们必须达到这样一个状态，即能够感受到另一种范式的现实，感受到以新的方式思考的现实。量子管理理论认为，正是量子物理学的发现所明确定义的新范式，使我们更有能力应对21世纪生活中的挑战和机遇。我将量子范式所产生的新思维称为量子思维。然而这也提出了几个问题。

现代科学让我们意识到，是我们的大脑促成了所有的思考，而我们使用大脑的方式影响着我们思维的种类和质量。量子思维使我们能够更有效地应对不确定性、复杂性和快速变化，不断产生新的洞察力和创造性突破，从而实现创新。但是，我们的大脑是如何进行量子思考的？我们又该如何鼓励更多的量子思维呢？为什么中国人几千年来都能自然而然地进行量子思考，而大多数西方人却觉得如此困难？所有人的大脑都是一样的，那么中国人和西方人使用大脑的方式是否不同？西方人能做些什么让我们的思维更量子化吗？

三种思维

大脑是自然界中最复杂、最多面的组织，它具有灵活性和适应性，并不断进行自我重组。所有的组织实际上都是类似大脑这种自然模板的反映。如果领导者具备充分利用自然潜力资源的能力，那么组织就十分接近于真实。如果领导者能够加深对这种潜能的理解，也就是说，如果他们能够提高自己对大脑动态、结构和能力的认识，他们就能更好地重塑其所领导的企业的“大脑”。

人的大脑能够进行三种不同的思考。第一种，理性、逻辑、受规则约束的思维方式所产生的概念和范畴类似于西方逻辑和牛顿范式。第二种，在东亚文化中更发达的联想式、习惯性思维赋予我们模式识别能力、处理悖论和模糊性的能力，并且越来越接近量子范式的特征，即万物相互关联。第三种思维是创造性的、打破常规的思维，这种思维能给我们带来洞察力和“啊哈！”的突然顿悟的体验，其行为非常类似于量子范式中的涌现结构。当今的神经科学告诉我们，这三种思维分别依赖于大脑中不同的神经结构或过程，而这些结构和过程在大脑的两个半球中又大不相同。

» 串行思维

我们将“思维”简单地理解为直截了当、合乎逻辑、冷静的模式并没有错，但这只是故事的一部分。这是一种源自形式逻辑和算术的模式，即“如果 x，那么 y”或“2+2=4”。这种思维方式具有逻辑性、合理性和规则性，它摒弃了具体数据，使人们能够集中精力、专心致志地进行分析。它打破了经验，通过循序渐进的连续推理来解决问题，并将问题分解成最简单的部分。它是有目标的、工具性的和客观的。当我们用这种方式思考时，我们会与经验保持距离或远离经验，将其客观化。然后，我们建立心理模型，帮助我们以一种可预测的、自信的方式处理未来的经历。每当发生符合我们的心智模式的事件时，控制我们反应的神经通路就会加强。大脑之所以具备连续思维的能力，是因为有一种叫作神经束的神经通路。

神经束是一系列一对一连接的神经元，就像一系列电话线。一个神经元的头部与下一个神经元的尾部相连，电化学信号沿着神经元传递链，用于任何特定的思维或一系列思维。每个神经元要么开启，要么关闭，如果链中的任何一个神经元被损坏或关闭，整个链就会停止工作，就像一串串联的圣诞树灯。这种连接方式在大脑左半球占主导地位，也是个人电脑中使用的接线方式，因此左脑实际上就是一台计算器。人类或多或少都能进行串行思维，但个人电脑在这方面更胜一筹，速度更快，精准度更高。

与牛顿物理学范式产生的思维一样，神经束产生的结构和思维都是线性的、确定的和原子化的。串行思维不能容忍模棱两可：B 总是以同样的方式跟随 A，它是严格开 / 关、非黑即白、非此即彼的思维方式。串行思维在它的一套规则（程序）和习得的期望范围内非常有效，但是如果有人移动目标或给它带来一些意想不到的东西，它就会崩溃，就像个人电脑被要求执行一项不在其程序中的任务。在这种情况下，屏幕上会出现一条信息，告诉我们“系统无法运行”。有限的思维在边界内运作，喜欢常规。当我们需要寻找各种可能性时，或当我们必须应对意外情况时，这种思维方式可能就无用武之地了。

按部就班的管理所涉及的大量思维都是串行思维。企业的分析阶段依赖于将我们所面临的问题或情况分解成最简单的逻辑部分，然后注意到或预测过去已经做出的决策或我们现在所做出的决策的后果。大多数用这种思维进行的战略规划都假定有一个行动计划和逐步实施该计划的理由。目标管理假定我们设定了明确的目标，并为实现这些目标设定了一系列合乎逻辑的行动。同样，世界各地的学校为大多数学生提供的大多数教育也日益成为目标教育。学生在离校前要实现明确的学习目标，教师要向他们传授实现这些目标所需的知识，并通过考试成绩客观地衡量他们是否实现了这些目标。

传统的泰勒式公司有许多体现串行思维的结构。八小时轮班制本身、员工上下班签到的考勤、各自为政的职位描述和着装规范，以及描述职责、工作守则、节假日安排、咖啡时间和疾病福利的整个官僚结构，都是由适用于特定类别中每个人的规则所定义的。串行思维是工厂车间蓝图或工程师维修手册的基础。所有的串行思维都假定企业世界由各个部分（人、机器、市场、客户、竞争对手）组成，这些部分可以通过规则和五年计划来成功操控，因为其行为是可预测的，就像具有确定性的牛顿宇宙受永恒不变的自然法则支配一样。同样，学校的标准教学日是按照固定的时间表安排的，必修课程提供了实现理想目标的蓝图，学习经历被划分为独立的、单独的主题，所有学生都应该以相同的方式学习相同的材料，而且普遍适用的学校规则和学校的着装规范旨在确保可预测的结果。

机器式串行思维的优点是高效，即快速、准确、精确和可靠。其主要的缺点是，它只能在特定的程序或规则中（即在一个有序、可预测、可控的世界中）运行。同样，组织中串行结构的优点是高效、可靠和通用，但缺点是缺乏灵活性。它们没有适应性，无法对例外、快速变化、意外或“混乱”等情况做出反应。它们的设计和功能完全依赖于已知的事实和现实。它们无法很好地应对21世纪的现实，以及当今对不断创新和创造性、探索性、实验思维的需求。西方文化，以及那些采用西方组织和学习模式，希望“现代化以迎头赶上”的亚洲公司和学校，都是以左脑为主导的。但是，促使人们谈论“西方衰落”的许多问题都可以追溯到西方对串行思维的依赖以及由此产生的文化、组织和战略实践与结构的不足。

» 联想、连接思维

第二种思维是联想思维或平行思维。这种思维重点关注的是我们经验中的事物与事件之间的关系，帮助我们在饥饿与能缓解饥饿的食物之间、在需要安慰与可能得到的赞美或表扬之间、在红色与兴奋或危险的情绪之间建立有效的反应和策略。联想思维还能让我们识别出面部或气味等模式，学习骑自行车或开车等身体技能。

我们进行联想思维的大脑神经结构被称为神经网络，这些神经网络主要分布在大脑的右半球。每个神经网络都包含多达 100 000 个神经元束，每个神经元束中的单个神经元可能与多达 1000 个其他神经元相连。这些连接本身是随机的、混乱的或平行的，也就是说，每个神经元同时作用于或被许多其他神经元作用。大脑中的神经网络与分布在整个大脑和身体各处的其他神经网络相连。因此，我们从右脑经验中获得的智慧是具体化的、情感性的智慧。中国伟大的哲学家从不将“心”作为一个独立的功能或实体来谈论，而总是将它称为“心灵”，相信我们的精神生活总是受到心事的启发和影响。联想思维可以被认为是大脑的心脏。

与左脑的连续神经束不同，神经网络能够在与经验的对话中自我连接和重新连接。每次我们看到一种模式时，能够识别这种模式的神经网络就会变得更强，直到自动识别。如果模式变了，我们感知它的能力就会慢慢改变，直到大脑重新连接自己，轻松识别新的模式。

例如，当我们第一次学习开车时，虽然我们手脚的每一个动作都是有意识的，但对汽车的控制也只是有限的。然而，随着每次练习，手、脚和大脑之间所需的协调与大脑神经网络的连接会更强（它们之间的联系越来越紧密），直到最后，除非遇到一些异常情况，否则我们根本不用考虑我们的驾驶技术。事实上，我们甚至不可能有意识地，或者至少很轻易地思考我们的驾驶技能。当我12岁的儿子问我“妈妈，你用哪只脚踩离合器踏板”时，我无法回答他。我不得不坐在方向盘后面，看着自己的左脚踩下离合器。我的脚知道如何踩离合器，但我的意识却“忘记”了这一点！

所有的联想学习都是试错学习。当一只老鼠学习跑迷宫时，它不会遵守规则，而是不断练习。如果试跑失败，它的神经网络就没有连接；如果成功了，它的大脑就会加强相关的连接。这种学习在很大程度上以经验为基础。这还是习惯性的，也就是说，我成功完成一项技能的次数越多，下次我就越倾向于这样做。联想学习也是一种隐性学习，即我们学会了一种技能，却无法说明我们是通过什么规则或步骤学会的。神经网络与我们的语言能力和表达概念的能力没有联系。我们感受我们的技能，我们表演我们的技能，我们体现我们的技能，但我们不会思考或谈论它们。

企业拥有的大量知识是隐性知识，这些知识不是任何人构建的，也没有人能够清楚表述，却是企业赖以生存的命脉。这些隐性知识根植于企业领导者和员工的技能和经验中。如果这些技能娴熟、经验丰富的领导者和员工离开，这些知识就会流失。领导者或员工的流失将严重消耗企业的知识资本。这就是照顾和考虑员工的需求符合企业自身利益的原因之一。快乐、高薪、能够在工作中找到意义和目标的员工是忠诚的员工。

联想思维的优势在于它能与经验对话，并能在不断尝试和犯错中学习。它可以在未经尝试的情况下找到自己的方式，并响应和适应意外事件或挑战。这也是一种能够处理细微差别和模糊性的思维方式。一个给定模式可能会出现多达 80% 的缺失，但神经网络可以识别出剩下的部分。以神经网络为模型的计算机有时被称为并行处理器，可用于辨别味道和气味、进行面部识别、识别笔迹以及读取邮政编码等。并行处理器可以识别用数百万种不同笔迹样本书写的邮政编码。联想思维的缺点是速度慢、可能不准确，而且很多时候会受到习惯的约束。我们可以改变坏习惯，重新培养好习惯，但这需要时间和努力。而且，由于联想思维是隐性思维，会产生隐性知识，因此我们很难与他人分享。我们不能只写出一个公式，然后告诉别人继续工作。我们每个人都必须以自己的方式，为自己学习一项技能。没有两个大脑的神经连接是相同的。

» 创造性的“量子”思维

第三种思维是创造性的、有洞察力的、直觉的思维。运用这种思维，我们可以挑战我们的假设、打破我们的习惯或改变我们的心智模式和思维范式。这种思维能够创造出新的思维类别，能够让我们看到以前从未发现过的模式和关系，当然，这种思维还能够带来创新突破。这种思维也植根于深刻的意义和价值感，并受其激励。它还根植于我们对自己身体的生活感知，并从大脑的情感中枢获得大量输入。

多年来，许多顶级科学家，如戴维·玻姆和罗杰·彭罗斯（Roger Penrose），都认为这种创造性和直觉性思维，即意识本身，是由大脑中的量子活动或整个大脑中的量子场促成的。最近的量子生物学研究也确实发现，量子相干、量子隧穿、量子共振和量子非局域性在一定程度上促成了全身和大脑中的细胞通信。包括我在内的许多人都认为，在所有有意识活动中横扫大脑的40赫兹或“伽马场”本身可能就是一个量子场。不过，尽管任何已被证实的量子活动都是进一步探索和更深入地理解我们高级精神生活的沃土，但在现阶段，这些关于量子意识的建议仍然是有根据的猜测。

更加肯定的是，就像刚才描述的联想思维一样，创造性的直觉思维与右脑的神经网络有关，而这些网络之间无数的关系和相互联系所产生的复杂性无疑会促进这种思维。这种复杂性产生了新的现实，如生命系统的独特属性和行为。当然，大脑是一个复杂适应系统，而在复杂适应系统中，正是这些关系的系统复杂性使它们成为有活力的量子系统。我们已经看到，在量子物理学中，关系会产生新的现实。右脑的关系复杂性所产生的新现实表现为直观的理解、新的见解以及创造性和突破性思维。这就是创新所需要的思维方式。我之所以称其为量子思维，是因为它的能力和过程与复杂适应系统的所有能力和过程一样，都非常类似于量子物理学最初描述的能力和过程。

新的人工智能系统目前之所以正迅速地、彻底地改变着我们日常生活的方方面面，是因为这些系统利用了这种复杂性所蕴含的诸多创造潜力。最早的人工智能模型的灵感来自连接主义哲学家的研究。这些哲学家正在探索右脑神经网络的创造性意义。现有的人工智能系统还不能完全模仿人类的创造力，尽管它们能否被说成拥有类似于完整的人类意识及其自我意识仍然是一个值得商榷的问题，但它们不仅将与人类智能能力相当，而且它们超越人类智能能力只是时间问题。人工智能“超级大脑”的好坏始终取决于为其编程的人类的思想、动机、目的、价值观和性格。如果我们普通人要与人工智能机器形成积极有益的智能伙伴关系，我们就必须提高自己的量子思维能力和相关的量子领导素质，也就是中国古人所说的“圣人”品质。在这里，我们将简要地提醒自己注意那些培养量子思维创造性方面的做法。在第 5 章中，我们将探讨培养量子领导特质这一更广泛的问题。

培养量子思维

我们思维类似量子的特征使我们能够有新的见解和打破常规的思维，这些特征源于大脑的复杂性，而大脑的复杂性又源于右脑神经网络内部和之间的关系。这些神经关系是我们有意识地将一个事物和另一个事物联系起来的能力的基础。因此，提高对现有关系和可能关系的认识，有助于我们更好地将量子思维应用到我们的战略思维和创新思维中。其中一些需要我们加强意识的是我们周围的环境、影响我们并使我们成为我们的人和事，以及受我们影响的人和事。在我们的个人生活中，他们是我们的家人和朋友、我们遇到的人以及我们在日常生活中使用的物质“工具”。在我们的商业生活中，他们是我们的工作伙伴或员工、客户、合作伙伴和竞争对手。当然，还有我们与周围自然环境特征的关系，如地理和气候，以及地缘政治环境中的事件。我们更需要加强意识的是那些存在于我们潜意识的巨大仓库中的关系，也许还有存在于整个人类的集体无意识中的关系。当然，还有一些与自然和宇宙本身的关系，这些关系就蕴藏在我们的生物和身体中。我们可以采取不同的做法和培养某些习惯，来提高观察和建立关系的创造性潜能。

简单的认识。我们中的许多人在一天的大部分时间里都"迷失在思考中"，一心只想着要完成的事情或下一步计划，或者沉浸在想象或幻想中。我们根本没有注意到周围的环境，所以错过了很多东西。养成有意识地观察和关注眼前事物的习惯，可以强化我们与周围环境（包括自然、身体和人类）的关系。

静下心来，多提问题。我们已经知道，当量子科学家提出一个问题或进行一项实验时，他/她就像往未知量子潜能的深井中倒了一桶水，并带来了一系列新的、现实化的现实，即关于我们宇宙运行的某种方式的本质的新理解或新观点。同样，我们在一天中向自己和他人提出的问题也会带来大量的新知识或新理解，这些新知识或新理解会挑战我们的假设，改变我们的观点，给我们带来新的、创新的想法。我们永远不可能问太多问题，而且没有愚蠢的问题。如果领导者在企业中鼓励提问文化，敦促员工分享问题，让他们感到可以自由地向上级，甚至是CEO本人提问，那么员工将更快乐、更无所畏惧、更团结合作、更具创新性。

无论我们称之为反思、反思练习还是冥想，在我们通常忙碌的一天的开始或结束时，我们可以抽时间独自静坐，让我们的大脑沉浸在问题中，向我们潜意识的深井中倒很多桶水。心理学家现在告诉我们，我们大脑中90%的思维活动是无意识的。在我们清醒的一天中，我们看到、听到和经历的事情都是我们根本意识不到的。这是因为大脑会过滤掉那些与完成任务或解决当下问题无关的信息（数据）。这些无关的信息会被存储在无意识中。之后，当我们静坐时，如果我们将注意力集中在与这些任务或问题相关的更深层次的问题上，这些丰富的存在于无意识中的信息就会提供新的答案或解决方案，或者引导我们使用谷歌等搜索引擎来找到它们。同样，当我们静坐时，全新的问题可能会自发地出现在我们面前，引导我们看到自己（也许是其他人）从未考虑过的关系或关联。我们将这些新的答案或它们带来的理解体验称为创造性的见解。

暂停，休息。按部就班的管理方法通常要求员工在整个工作日中都坐在办公桌前，全神贯注地处理分配给他们的工作，甚至占用晚上或周末的时间（无论是在家里还是在办公室里）。如果员工被发现与同事聊天、阅读与工作无关的书籍，或者只是凝视天空，他们就会受到责骂或惩罚。然而，心理学家都知道，当我们在休息的时候，只有将注意力从问题或工作需求上移开，我们才可能会想出解决办法或获得新的见解。这是因为当我们的注意力不再集中时，大脑才会有更多的精力来处理无意识中存储的各种关系和联系。了解这种暂停和休息的创造性潜能是日本商人经常在休息时间打高尔夫球，以及日本的上班族在“无所事事”时也尽量不打扰同事的原因。而硅谷的科技公司更倾向于采用量子化的管理方式，员工在工作日有这样或那样的休息时间，而且他们在工作日的安排本来也松散得多。

对话。戴维·玻姆在晚年将大量时间用于思考和写作对话，以及建立对话小组。他将对话称为量子对话，因为对话具有创造性潜能，可以挑战人们的假设，将他们从故步自封和受限制的心智模式中解放出来，引导参与者获得集体的、新的理解或见解。对话的起源可以追溯到古希腊和苏格拉底的教学方法。对话的精髓在于它是以问题为主导的探索性对话，基于提出问题而不是给出答案，基于发现而不是了解，基于倾听他人的意见并一起探索新的可能性，而不是为了证明自己的观点或为自己的论点或立场辩护。在参与对话时，所有参与者都被认为是平等的，他们没有身份等级之分，他们的贡献都值得倾听。他们相互尊重，而不是试图获得权力。对话能缓解对立双方之间的紧张关系和无益的敌意，使大家更加尊重彼此的观点，并常常取得创造性的突破。同样，这仅仅是因为开放思想、让人们自由探索和提问可以让大脑发现或创造新的思维联想。

接触多样性。鼓励打破思维的框架、鼓励我们的大脑发现或建立新的联想的最佳方法之一就是让自己拥有更多样化的体验，例如，广泛阅读自己专业领域以外的书籍、与来自不同文化背景的人交朋友、去不同的新地方旅行、听音乐、看戏剧、了解与自己行业截然不同的行业等。一些创新型公司通过提供下班后计划，邀请艺术家、作家、哲学家、音乐家、戏剧家或其他行业人士来公司讲课，确保员工有机会接触这种多样性。

为了总结所有这些做法的价值，我再重复一遍：量子物理学告诉我们，新的关系创造新的现实。新的心理联想会产生新的见解，从而产生创新。

大脑能给我们“宇宙意识”吗

中国人一直认为，人的思维有一种天然的能力，可以与宇宙运行的原理保持一致，或以类似的方式发挥作用。张载告诉我们：“大其心则能体天下之物。”他称这种心灵 / 宇宙“共鸣”为感应，并将其归功于人按照“道”生活的能力。事实上，正如我们所看到的，人性（精神与肉体的本性）与宇宙现实和生命自然的本质之间的共鸣（感）是中国思想和中国世界观的整个基础。它是《易经》思想的基础，体现在早期的基础概念“天人合一”中。它也是形成王阳明学说中“良知”和“道德直觉”的基础。人，与天道有这种自然的对齐（即感应或良知），是天地之间的桥梁，有责任将天道带到他在地球上的所有项目和关系中。的确，正如我们所看到的，在中国人的世界观中，履行这一责任是人类生活的目的。儒家思想强调修身、齐家、治国、平天下，其全部内容都是为了指导我们如何实现这一人生目标。

戴维·玻姆和其他像我一样的量子哲学家从量子物理学的定义原则中提炼出的哲学，描述了一种类似的世界观。这种世界观基于人类心灵、自然和量子宇宙方式之间的共同创造关系。产生这种量子世界观的部分原因是，量子科学已经证明，我们人类完全是自然和宇宙的一部分，是同一种物质。此外，正如我在上文中所写，玻姆、罗杰·彭罗斯、我本人以及其他人都想知道，这种心灵 / 自然 / 宇宙的统一，或者说“宇宙意识”，是否可能来自大脑中的量子活动，或者大脑中可能存在的量子场，它以某种方式与我们量子宇宙的物理定律产生共鸣。现代西方其他领域的思想家也有过这样的猜测。

伟大的心理学家卡尔·荣格（Karl Jung）认为，不同的时间或地点发生的事件之间神秘的同步性，或查看《易经》对人们提出的问题给出有意义和适当的“答案”的能力，可能来自大脑与外部共享信息场域之间的某种形式的量子共振。这一推测是他著名的集体无意识的观点的基础，也是戴维·玻姆以下这段话背后的思想：

> 如果你深入了解自己，你就接触到了人类的本质。当你这样做的时候，你就会被带入全人类共有的意识生成深度，整个人类都被包裹在其中。个人对此保持敏感的能力成为人类变革的关键。我们都是相互联系的。如果这一点能被传授，如果人们能理解它，我们就会有不同的意识。

关于大脑与外部事物或事件之间的量子共振的类似建议也被用于解释心灵感应、预知和遥视等超感官现象（extra-sensory phenomena），这些都是各国军事和情报机构感兴趣和努力研究的课题。光子等基本粒子之间已被证实的量子非局域性（远距离作用）现象，以及与量子物理系统和生物系统中的细胞通信相关的量子共振，都提高了我们的大脑真正体验到这种共鸣的可能性。量子信息场贯穿整个宇宙。如果最终证明人类大脑中的量子场能够与宇宙信息场产生共鸣，那么这将为中国早期的假设（即“感应和良知是真实存在的”，以及“它们能够产生使人类智慧与宇宙之道相一致的宇宙意识）提供当代科学可信度。

第二部分

量子领导者

第5章
量子领导者："圣王"

我们已经看到，企业可以在社会和宇宙中发挥重要的创造性作用，但如果要做到这一点，就必须有伟大的领导者。因此在本章中，我想探讨一下量子领导者应具备的素质。

企业领导力危机

领导者是一个行动者，能够促进事情的发生，但并不是所有的行动都是好的行动，发生的事情可能也会带来不好的后果。就我个人而言，我认为当今世界面临的大多数危机或危机的进一步升级都是由于我们的领导者选择忽视重大问题、过于无能而无法解决这些问题，或者做出了导致破坏性后果的错误决定而造成的。世界之所以陷入危机，是因为我们有领导力危机。从国家到全球事务、从政治领域到商业领域，都是如此。在本章中，我将重点谈谈企业领导力危机。

2019年，商业市场研究和咨询服务公司盖洛普（Gallup）进行了一项调查。结果显示，糟糕的领导力每年至少给美国公司造成9600亿美元的损失，但这只是以金钱衡量的成本，也只是这些公司的基本成本，消费者和整个社会付出的代价更大。作为消费者，我们依靠企业为我们提供需要的产品和服务；作为公民，我们依靠企业为我们提供所需的工作岗位，并为公共服务创造大量税收。而糟糕的领导方式给员工造成的损失是无法估量的。任何企业的灵魂都在于其员工，在于他们对自己工作的自豪感，以及他们可能从中获得的意义和使命感。但是，我曾与许多在企业工作的非常聪明的年轻人交谈过，他们说有时会因为糟糕的领导者干扰了他们的工作而感到沮丧和压抑。

张瑞敏在谈到海尔的管理时说："同样一套员工政策和程序，如果管理者执行得好，就能让员工在工作中充分发挥作用，但如果管理者执行得不好，就会给员工带来各种困难。如果管理者的初衷是帮助员工，使其工作发生更好的变化，那么他们给出指令或进行处罚就是在做好事；如果管理者的初衷只是为了展示或强加自己的权威，那么他们可能就会对员工造成相当大的伤害。”太多管理者过于热衷展示自己的权威，以确保自己的重要性。更可悲的是，有些人只是恶霸。

如今，管理的挑战和要求变得日益细微和复杂，领导者必须应对不确定性、混乱、快速变化和全球互联带来的挑战，并且与不同类型的员工打交道。这些员工往往受过更好的教育，他们来自不同的背景和文化，渴望从工作中获得不同的回报，而且他们对权威和授权的态度正在发生改变。同时，客户的期望也变得更加多样化和苛刻。管理的本质正在发生变化，这不仅需要一种新的管理范式和更好的领导者，而且需要一种新型领导者。我曾称他们为量子领导者，并撰写了大量介绍他们的文章。但我认为，我们可以通过研究中国伟大哲学家有关理想领导者的观点，更深入地了解成为量子领导者的全部意义。

成为量子领导者的意义

《易经》为领导者提供了关于他们应该具备的品质和做出最明智决策的方法的广泛建议。正如量子管理理论认为量子领导力和量子思维与个人的深刻承诺、态度和实践有关一样,《易经》比卦中也建议那些有志成为领导者的人首先要确保自己真正有能力胜任这一角色，并具备胜任这一角色的素质，即“比之无首，无所终也”。社会需要的是我们与他人团结起来，通过共同努力，使大家能够互补互助，但这种合作需要一位核心人物，其他人可以团结在他周围。成为团结他人的影响中心是一件严肃的事情，责任重大，需要伟大的精神、一致性和力量。所以，希望将他人团结在自己周围的人需要扪心自问，自己能否胜任这项工作，因为没有真正使命感的人尝试这项工作只会造成混乱，比没有团结起来更糟糕。

中国人心目中的理想领导者被称为“圣王”，即“内圣外王”。最初的“圣王”是古代三大领袖尧、舜、禹，他们是理想领导者的典范。“圣王”领导理想源于儒家传统，与儒家所倡导的一切事物一样，既是量子的，同时又是非量子的。一方面，尧、舜、禹是家长式的、等级森严的，他们的领导是专制的，这绝对不是量子领导的典范。

量子领导者放弃了大部分权力，允许企业和员工进行自我组织。他们放弃了自上而下的命令性领导，将自己视为有引领作用的领导者，以人格权威和个人榜样来引导企业发展。员工因摆脱了自上而下的命令和严格的监督控制，而能够发挥更多潜能，提高工作效率，对企业更忠诚。量子领导者更多遵循的是老子的建议，即"治大国，若烹小鲜"。

儒家的"圣王"终生致力于提高道德修养、博览群书以广泛学习和获取知识，并将这些东西运用于领导工作之中，以服务社会和人民。尧、舜、禹都有仁德，他们善待和尊重自己统治的人民，天性善良，并努力在自己统治的国家中建立信任和良好的关系。他们的道德操守毋庸置疑，这使他们受到了人民的爱戴和尊敬。这些都是量子领导素质的优秀典范。孟子在总结"轻触式领导"与这些个人领导特质相结合的智慧时写道："以力服人者，非心服也，力不赡也；以德服人者，中心悦而诚服也，如七十子之服孔子也。"①

① 出自《孟子·公孙丑章句上·第三节》。——译者注

在儒家传统中，“圣王”最常指政治领袖，但中国许多伟大的思想家将“圣王”一词更广泛地用于指社会各领域的理想领袖。量子领导者也可能是政治领袖，但在量子管理理论中，我通常将他们描述为商业领袖。在这里，我将以企业领导者为主，重点谈谈“圣王”与量子领导者。

“圣王”与量子领导者

强调“圣王”概念的新儒家哲学家概述了一个人要成为“圣王”所需的几个发展阶段。

显明德行。“圣王”必须是有德行的人，是善良的人，生性仁慈，富有仁爱之心，希望给他人带来好处。《周易》有言：“圣人之德，与天地合其德，与日月合其明，与四时合其序，与鬼神合其吉凶。”“圣王”也要与量子领导者一样，修身养性，以帮助他人提高道德水准，成为善良而富有同情心的人。一个人的本性是万物之源，非己所有。己欲立而立人，己欲达而达人。

统一意志。正如印度的奥义书（*Upanishads*）所说：

我们的内心深处有什么愿望，我们就会有什么渴望。

我们的渴望决定了我们的意志。

我们的意志决定了我们的行为。

我们的行为决定了我们的命运。

“圣王”要想成为德仁兼备的领导者，就必须统一意志或净化意志。有些人将其解释为强化意志，但王阳明强调，强化意志并不是重点，重点是转化意志，使其成为我们内心向善的力量。正如我在我的书中指出，量子自我是一个由经常相互冲突的子自我（或欲望、情感、目标）组成的整体。王阳明和其他大多数中国哲学家都认为，虽然人的本质是善的，但我们的本性中包含着可能导致我们做坏事的本能和欲望。柏拉图将人的自我描述为一辆能被不同意志的马匹拉向不同方向的战车。为了发掘并发挥我们内在的最佳品质，我们必须渴望向善，统一意志，让所有的马匹都朝着同一个方向前进。

大多数西方人都坚持认为，要使我们的意志向善，我们就必须遵循上帝、圣书或宗教领袖规定的法则。许多中国哲学家认为，我们可以通过学习经典（即中国传统的伟大奠基之作）来使我们的意志向善。孔子认为应克己复礼。“礼”是公认的社会习俗，我们可以通过践行“礼”来发挥道德的指导作用。而王阳明坚持认为，读书和修“礼”并非必要，因为所有人都拥有与生俱来的道德直觉（或称良知），因为我们与自然、宇宙之道有着天然的共鸣（感应）。道本质上是善的，所以如果我们遵循道，我们就会知道什么是善。我在介绍量子道德时也采取了同样的立场，我认为我们的内心承载着整个宇宙的历史和本质。宇宙正准备创造更多的秩序和信息，并通过不断建立新的关系来实现这一目标。量子道德告诉我们，当我们建立新的、充满爱的关系时，我们就是向善的。

格物致知。朱熹强调格物致知，即要深入探究事物的本质。他在《大学》的注释中说，所有事物、问题、事件都有其内在的决定性原则，使它们成为它们。如果我们希望最大限度地扩展我们的知识，我们就必须探究我们所接触的一切事物的原理。同样，量子领导者也应深入探究事物，不能只看表面现象，而应探究问题和情况的根源，研究其中的关系；要博览群书，广泛阅历，做一个有文化的人。

我认为，王阳明在这些问题上的独特见解，最接近“圣王”的品质，也最接近我所认为的量子领导者的品质。王阳明强调了知行合一的重要性，即人既要有知识，又要积极处理世事，将知识付诸实际行动。有知识而无行动是无用的，有行动而无知识是危险的。对中国人来说，所有的圣人、智者都是行动者。“知”就是“行”，知道某事就总是要让其发生，从而使某种新事物出现（实现它）。正如在量子物理学中，观察者及其所观察到的事物之间没有区别。观察一个量子实体，从而知道它是波还是粒子，是正在进行的观察与该实体的量子潜能之间的共创性对话。科学家通过观察、了解该实体，将其潜能之一转化为现实。他们实现了它。正如量子公司通过创新，将潜在的产品或服务转化为新的现实。

王阳明提出的接触事物从而获得知识的方法也非常量子化。他呼吁领导者要进行深刻的反思（包括深刻反思自己和行为），并通过大量的质疑，尤其是对自己的假设进行反思和质疑来做到这一点。正如《易经》所教导的那样，只有当我们有勇气面对事物的本来面目，不带任何自欺欺人的幻想时，事情才会出现曙光，成功的道路才能得以显现。正是不断的自我审视和自我质疑保证了这一点。海森堡的不确定性原理证明，量子科学家正是通过质疑现实来了解现实的。同样，“圣王”和量子领导者也是通过质疑来寻求理解，理解自己，理解世事。他们不寻求答案，而是试图找到正确的问题。他们都同意克里希那穆提（Krishnamurti）的观点，即通过真诚地提出正确的问题，你就能体验到答案——对事物最深刻的理解。里尔克的诗《活在问题中》（*Live the Questions*）有力地阐释了这种通过提问体验答案的能力：

> 要容忍心里难解的疑惑，试着去喜爱困扰你的问题。
>
> 不要寻求答案，你找不到的，因为你还无法与之共存。重要的是，你必须活在每一件事里。
>
> 现在，你要经历充满难题的生活，也许有一天，不知不觉，你将渐渐活出写满答案的人生。

齐家治国。我们常常将私人生活与公共行为区分开来，并心甘情愿地接受伟大的领袖也可能是个失败的人。然而量子管理理论认为，这是一种错误的二分法。要想成为一位优秀的领导者，量子领导者就必须在生活的各个领域都成为一个好人。个人生活与商业行为的井然有序是高度相关的，因此领导者的首要任务是修养身心，培养和睦的家庭关系。只有这样，他们才能做好成为领导者的准备，成为他人的道德楷模。儒学经典《大学》开篇中也概述了"圣王"的优先顺序：

> 知所先后，则近道矣。
>
> 古之欲明明德于天下者，先治其国。
>
> 欲治其国者，先齐其家。
>
> 欲齐其家者，先修其身。
>
> 欲修其身者，先正其心。
>
> 欲正其心者，先诚其意。
>
> 欲诚其意者，先致其知。
>
> 致知在格物。[①]

孔子说："苟正其身矣，于从政乎何有？不能正其身，如正人何？"所以很多企业的高管都认为，CEO"有点混蛋"或许是件好事。正是因为领导者本身受到自私、贪婪和

---

① 意思是，明白了本末始终的道理，就接近事物发展的规律了。古代那些要想在天下弘扬光明正大品德的人，先要治理好自己的国家；要想治理好自己的国家，先要管理好自己的家庭和家族；要想管理好自己的家庭和家族，先要修养自身的品性；要想修养自身的品性，先要端正自己的心思；要想端正自己的心思，先要使自己的意念真诚；要想使自己的意念真诚，先要使自己获得知识；获得知识的途径在于认识、研究万事万物。——译者注

傲慢等低级动机的驱使，许多企业才会危害而非服务于社会。亚当·斯密正是基于“人天生并且永远是自私的，他们总是将自身利益放在第一位”这一假设建立了其资本主义模型。正是因为这些糟糕的个人领导素质有时甚至被假设为有利于在市场中取得成功，所以资本主义在西方国家一直是一种破坏性的社会力量。它助长了贪婪，助长了践踏或利用他人来实现自我成功的意愿。中国和其他一些亚洲国家的文化强调的是为他人服务，而不是自私的个人主义，形成了极具特色的社会主义核心价值观。如果资本主义能够少一些自私自利的价值观，我们也许就能改变资本主义的本质。

平天下。当组织中的所有人都能和谐共处时，组织才能发挥最大的作用。企业是一个能量系统，但要使能量系统整体达到平衡和协调的状态，各部分、各成员的能量就必须保持一致与和谐。建立这种和谐是“圣王”的核心价值，正如维护国家统一和民族团结是中国所有思想和政府的首要价值一样。美国汉学家斯蒂芬·安格尔（Stephen Angle）认为，“圣人”有一种积极的道德认知状态，我称之为寻求和谐，这使得他们能够做到知行合一、轻松行事。一个努力成为“圣王”的人应该为道德冲突寻求富有想象力的解决方案，以尊重所有相关的价值观。“圣王”或量子领导者可以通过鼓励人们倾听和尊重所有观点、赞美多样性而不是感受多样性的威胁来解决所有冲突。

我十分珍惜在当今中国生活和工作的时光，其中一个最大的个人原因是我感受到中国社会团结和谐，这与我在西方的日常生活形成了鲜明的对比。自由表达和展示分歧的确是民主的宝贵品质之一，但在我们目前悲惨的两极分化的民主社会中，我们似乎已经失去了解决这些分歧的能力，失去了相互倾听的能力。量子社会处于混沌边缘，既不会因为过于有序而失去创造力，也不会因为过于混乱而分崩离析。量子社会中的和谐一方面确保了团结，另一方面确保了可以对所有观点进行辩论的公共对话的健康。

在量子公司中，领导者通常会搭建对话小组，并使其成为一个安全场所，员工可以在里面表达他们的不满或相互冲突的观点，通过真诚、非攻击性的表达方式调查事情，创造性地倾听彼此的意见，从而通过找到分歧的根源来解决冲突或学会尊重彼此的立场。

修身。在阐述未来的“圣王”在准备担任领导者时的发展重点时,《大学》告诉我们，修身是首要的，也是最重要的任务。不仅对领导者，对所有人都是如此。物有本末，事有终始。自天子以至于庶人，壹是皆以修身为本。“本”为根基，并非人生初期的一次性练习；相反，正如量子领导力的重要基础一样，修身是一个持续的、终生的过程。量子领导者必须是一个量子自我，而成为一个量子自我则需要一生乃至几世的时间。

对中国哲人来说，修身是道德上的自我修养，是一个改变我们意志的终生过程，是使意志服务于复杂、多面的自我中更好的本能和欲望。圣人最好先修炼自己，这样他的影响力才能持久，他必须摒弃低劣和堕落的东西，使自己在各方面都变得强大。但对中国人来说，这种道德上的自我修养是通过文化上的自我修养来进一步提升的，即通过广泛阅读以及体验和实践书法、音乐、诗歌等艺术来成为一个有学问的人。练习武术能够强健体魄，使我们个人的能量与上天的能量相一致。这些方面的修炼还能丰富大脑的想象力，拓宽创造性联想的边界，从而培养创造力和创新思维，即量子思维。

正如我在描述量子领导力所需的终生自我修养时所说，这个过程需要极致的真诚和自律。《易经》中比卦讲求至诚“有孚比之，无咎；有孚盈缶，终来有它，吉”。蒙卦说，“君子以果行育德”，即培养良好的品德需要行事的决断与彻底，需要如水一般的周全，稳定地填满所有的空隙而后继续流淌。谨记严于律己，切勿玩弄生命。

综上所述，要成为“圣王”或量子领导者，需要至诚、纪律、心智的发展和终生的修养。中国思想家认为，这是一个大多数人无法企及的目标，很少有人能成为“圣王”。但这是一个重要的理想目标，它能为我们的生活和领导力提供道德方向感。有时，道路就是目标，提问就是答案。我们常常明知所追求的目标可能永远不会实现，却仍然竭尽全力。正如《论语》中的晨门对孔子的描述：“知其不可为而为之。”或者，就像我小时候爷爷经常对我说的那样：“孩子，向着星星前进，至少你能到达月亮。”

第6章

量子领导力的12个原则

知化则善述其事，穷神则善继其志。[①]

张载

在中国人的传统认知中，人类完全是宇宙和自然界的一部分。尤其是领导者，作为联结天地的桥梁，他们深谙天道，并受其启发，将指导天道的原则用于指导他的日常

① 出自张载的《西铭》。意思是，能了知造物者善化万物的功业（了知我们的道德良知如何成就人文价值），才算是善于继述乾坤父母的事迹。——译者注

生活，用于领导组织，最终实现“天人合一”。当然，在量子物理学中，人类也是宇宙和自然的一部分。换句话说，人类是参与式宇宙中日常现实的共同创造者。在这个参与式宇宙中，活跃的人类主体与其所处的现实或环境总是密不可分的。量子领导者在领导他的企业时也遵循着同样的法则，这些法则确保了宇宙、自然界以及人类生命体和意识形态的一致性（即“理”）、持续创造性。

包括人类在内的自然界的所有生命系统都可以理解为有活力的量子系统，复杂性科学称之为复杂适应系统。量子管理理论追随许多复杂性理论家的观点，认为当领导者及其领导行为遵循使所有其他生命系统得以自我维持和发展的变革性原则时，人类社会系统（如企业等）就能发挥最佳功能。这与我在本章开篇所引用的张载的新儒家哲学思想不谋而合。

自然界的复杂适应系统有 12 个具有决定性的原则或特性，这些原则或特征使它们能够自我组织，并自发地适应内部系统的变化，迎接挑战和机遇。在复杂性科学中，这些具有决定性的特性是用生物化学和生物物理过程的术语来描述的，但我们也可以用更通俗易懂的语言来表述，并将其作为个人和领导力转型的指导原则。以下我将介绍量子领导者遵循的12条领导力原则，它们在中国传统思想中也被视为“圣王”的领导力原则。

原则1：自我意识

几乎每一部伟大的中国传统经典都要求人们修身齐家，不断提升道德修养。正如《道德经》中告诉我们：“知人者智，自知者明；胜人者有力，自胜者强；知足者富，强行者有志；不失其所者久，死而不亡者寿。”[①]

王阳明在《大学问》中告诉我们，要想摆脱错误和无知的危害，我们就必须不断反思自己的思想和行为，即“修身”。

① 出自《道德经》第三十三章。意思是，了解他人的人，只能算是聪明，而能够了解自己的人，才算是真正地有智慧。能够战胜别人的人，只能算是有能力，而能够战胜自己弱点的人才能算是真正的强者。能够知足而淡泊财物的人才能算是真正的富有，能够自强不息的人才能算是有志气。不失“道”而顺其自然的人才能够长久，肉体死亡但精神仍在者才是真正的长寿。——译者注

何谓修身？为善而去恶之谓也。吾身自能为善而去恶乎？必其灵明主宰者欲为善而去恶，然后其形体运用者始能为善而去恶也。故欲修其身者，必在于先正其心也。[①]

自然界中的生命系统（即复杂适应系统）是自我组织的。内部的驱动以及与外部环境的共创性对话保证了这些系统的可持续性和进化。量子领导者是一个自组织且高度自主的人，他不仅对自己负责，还对他人负责。他希望自己的企业和员工尽可能地实现自组织和自主。要想具备负责任的自组织能力，提高自身的服务能力，量子领导者就必须像“圣王”一样，能够清楚地认识自己，了解自己的优势和短板，意识到自己的错误，并不断地自我完善。不了解自己的人是其低级欲望、本能和消极动机的傀儡，更容易被人牵着鼻子走。

① 意思是，什么叫作修身？这里指的是要为善去恶的行为。我们的身体能自动地去为善去恶吗？必然是起主宰作用的灵明想为善去恶，然后起具体作用的形体才能够为善去恶。所以希望修身的人，必须首先要摆正他的心。然而心的本体就是性，性天生都是善的，因此心的本体本来没有不正的。那怎么用得着去做正心的功夫呢？——译者注

量子领导者从不命令和控制他们的员工；相反，他们支持和鼓励员工，并遵循明确的工作准则来指导员工。要做到这一点，量子领导者就必须对自己和所领导的企业有强烈的使命感和方向感，必须知道什么能激励自己，从而知道什么能最有效地激励他们所领导的人。

所有这些必要的自知之明都需要开诚布公的、严谨的自我反省以及对自我完善的坚定承诺，而这需要通过定期的实践来实现。孔子的弟子曾子在《论语》中描述了这样一种实践："吾日三省吾身：为人谋而不忠乎？与朋友交而不信乎？传不习乎？"[1]

后来，许多圣人受禅宗修行的影响逐渐接受并开始进行冥想。在我的日常工作中，我在一天结束之时也会进行类似于曾子的反思性练习，但涉及的问题范围更广，旨在实现更好的自我探索，如我如何与他人互动、一天中令我高兴或沮丧的事情、我是否取得了有价值的成绩等。

---

① 出自孔子的《论语·学而篇》。意思是，我每天从多方面反省自己。比如，替别人办事是不是尽心竭力了呢？与朋友交往是不是诚实守信了呢？对老师传授的功课，是不是用心复习了呢？——译者注

原则 2：愿景和价值引领

量子宇宙的目标是创造更大的复杂性和更多的信息。复杂适应系统以维持生命和发展为目的。由于量子公司是人类系统，因此其领导者和员工的目的、价值观、愿望和动机，以及一致、积极的企业文化，均属于系统动态的一部分。量子公司对自己的目的、定义其作为企业的价值观以及想要实现的目标都有着清晰的愿景，并设定了为所有工作活动提供统一方向感的目标和使命。所有员工都了解并认同这些目标、愿景和价值观，他们都知道自己的角色和目的，知道如何为实现更大的远景目标做出自己的贡献。同样，中国的哲学家一直认为，一个秩序良好的和谐社会有赖于人民对于美好生活的憧憬，以及一套指导他们实现这一目标的法律、规则和习俗（即“理”）。

量子领导者用自己的远见卓识和个人榜样来激励员工，而非一味采取命令和控制的方式。领导者的这一理念贯穿于中国哲学的始终。孔子说：“为政以德，譬如北辰，居其所而众星共之。”[①] 本着同样的哲学理念，儒家哲学家荀子的大部分学说都集中在开明君主的治理上，所谓开明，即君主于公于私皆是践行“天道”的典范。然而，一个领导者如何成为一个有德行的人呢？荀子和孟子等传统思想家对人性存在分歧。荀子认为人性本恶，而孟子则认为人性本善，但两人都认为，虽然人性的一部分可能会屈服于欲望、感情和感觉，我们会因此受到诱惑而做出不好的行为，但是对美好生活的憧憬以及通过良好的实践所培养出来的价值观才是成为善者所必需的。心存“仁”“义”，遵循能够实现这些目标的行为准则（“理”）才能树立这些价值观。正如王阳明所说：“故止至善之于明德、亲民也。”[②]

量子领导者通过创建一种良性的企业文化来激励员工树立类似的价值观，这种企业文化提倡自律和自我激励，以创新和创造高质量的产品为荣，并通过为客户提供优质服务来获得自尊和回报。在我所有关于量子管理的著作中，我都认

① 出自孔子的《论语·为政篇》。意思是，（领导者）用道德的力量去治理国家，自己就会像北极星那样，安然处在自己的位置上，别的星辰（员工）都环绕着它。——译者注

② 出自王阳明的《大学问》。意思是，（因此）明德（彰显与生俱来的光明德性）必然体现在亲民上，而亲民才能彰显出光明的德性。——译者注

为在企业文化中激发正确的动机对于遵循更高的价值观至关重要。荀子认为，一个人之所以不能坚持这种价值观，是因为他的基本动机结构。而量子管理理论认为，人类既有消极动机，也有积极动机。尽管有研究表明，在大多数企业中，94% 的人是由恐惧、贪婪、愤怒、追逐私利或自作主张等消极动机所驱动的，但探索、合作、自我超越、创造和服务等积极动机可以逐步培养更高尚的价值观。量子公司赋予员工的自主权和责任感促进了这些积极动机的产生。

原则 3：自发性 / 适应性

量子领导力和中国传统文化都强调自发性以及随时适应不断变化的环境的能力是非常重要的。在中国传统中，与“自发”相对应的是“无知”，后者出自《道德经》，意思是“不知”，即不先入为主，不预判。如今，领导者是在一个动态的、不断变化的、不可预测的世界中行事和做出决策。与其他生物一样，他们必须能够自发地适应所面临的挑战和机遇的变化。这就是量子管理理论认为企业必须具备一种灵活的架构，以便不断自发地适应内外部变化的原因，也是官僚主义严重、控制严格的组织必须转型为复杂适应系统或量子组织的原因。

在中国传统思想和量子物理学中，自发性往往源于不确定性。一生二，二生三，三生万物，“道”亦如此。量子物理学告诉我们，当原子核自发地发射出衰变粒子时，该粒子的运行轨迹或将要到达的目的地从来都不是预先确定的。量子世界中也是如此，一个复杂适应系统将在内部或为适应环境而做出的调整，从来都不是预先确定或由外界控制的。这些系统是不确定的，或者至少是不可预测的。它们徘徊于秩序和混沌之间、潜能与现实之间，其不确定性使它们具有灵活性，能够对环境做出响应，并朝任何方向发展。这就是作为复杂适应系统的量子公司拥有灵活的、自我管理的内在基础，并且能够对不断变化的客户需求、竞争对手情况以及环境或地缘政治局势做出自发的快速反应的原因。海尔“人单合一”管理模式之下的众多小微企业，对于最大限度地发挥组织的自发性尤为有效。因为它们数量众多且相互独立，而且每家企业都能以独特、具有创新性的方式应对不断变化的客户需求或期望。正如孙子所说：“兵无常势，水无常形，能因敌变化而取胜者，谓之神。”[①] 孙子将这种军事战略称为影子战术。在商业中，我们称其为自发性和适应性。

如果量子公司想要具备高度的自发性和适应性，其领导者就必先以身作则，培养这种技能，这就是自发性是量子领导力的一个重要原则的原因。这意味着领导者要根据当下面临的情况做出战术决策，而不是因为过去的做法有效，或者因为这是预设计划中的一个步骤或蕴含在特定的意识形态或学说中。孔子曰：“君子不器。”[②] 自发性也是中国传统思想或传统艺术中一直推崇的原则，画家和书法家都会遵循当下的场景或感受，随心而行，任由其笔触自由挥洒。

同样，中国古代的圣贤行事也是轻松自如、随心所欲的。《论语》中有弟子描述孔子不囿于常规，审时度势，根据实际情况“迟到或早退”或留地任官等。王阳明在谈及那些不被既定成见或过去做法所蒙蔽的圣人时说道：“圣人之心

---

① 出自孙子的《孙子兵法 · 虚实篇》。意思是，用兵作战没有固定不变的方式，如同水流没有固定的形状，能够依据敌情的变化而取胜，可称得上用兵如神了。——译者注

② 出自孔子的《论语 · 为政篇》。意思是，君子能够在各种场合和情境中灵活应对，发挥其才能和智慧，而不局限于某一专业或技能。——译者注

如明镜，只是一个明，则随感而应，无物不照。未有已往之形尚在，未照之形先具者。”[①]这种对自发性的呼唤同样贯穿于中国的禅宗文化传统。

原则4：整体性 / 语境主义

量子物理学和中国思想都是整体性的，两者都认为，万物互联，要理解任何形势或评估任何决定，就必须在整体模式或关系网络的背景下进行思考。《易经》六十四卦之第二卦坤卦说：“君子有攸往，先迷后得主，利。”[②]

孙子在《孙子兵法》中建议战略家需要仔细研判作战的形势或地形：“一曰度，二曰量，三曰数，四曰称，五曰胜。地生度，度生量，量生数，数生称，称生胜。”[③]

---

① 出自王阳明的《传习录》。意思是，圣人的心就像明镜，清清明明，任何事物来了都可以照见，等它们去了也不留下任何痕迹。——译者注

② 意思是，对于有所作为的君子来说，在开始时可能会感到困惑或迷失方向，但随着时间的推移，最终会找到正确的方向并获得成功。——译者注

③ 出自孙子的《孙子兵法·军形篇》。意思是，度产生于土地幅员的广狭，土地幅员决定军赋物资的多少，军赋物资的多少决定兵员的质量，兵员质量决定部队的战斗力，部队的战斗力决定胜负优劣。——译者注

因此，审时度势意味着不仅要考虑正在做的事情或正在发生的事情的背景，而且要研究在其中发挥作用的各种关系。中国的思想、艺术和语言都遵循这一原则。汉语语法本身没有动词时态，也没有与性别有关的代词，我们只有考虑到说话时的整体语境，才能理解说话者表达的意思。人们总是会问："这件事或这个问题与什么有关？有什么关系？"孔子说："有教无类。"[①]在社交和商务场合，中国人总觉得最重要、最值得信赖的基础是建立关系。张载在其晚年著作《正蒙》中说："性者万物之一源，非有我之得私也。惟大人为能尽其道，是故立必俱立，知必周知，爱必兼爱，成不独成。"[②]

这与西方的思想和语言截然不同，西方的思想和语言是以主语和宾语、名词和动词、男性和女性、过去和现在等确定的范畴来表达的，因此理解说话者所需的所有信息都包含

① 出自孔子的《论语·卫灵公》。意思是，教育不分高低贵贱，对哪类人都一视同仁。——译者注

② 张载，《正蒙·诚明篇》。意思是，物体的本性原本是万物生成总的源头，并不是因为我的存在才得以显现。只有有修养、作为高的人才能够穷尽物体的道义。他们一定是先让人们都能安身立命，然后才会考虑自己；一定会让人们都获得修身养性的道理，自己才会获得。他们不会单独爱自己的父母、亲人，而是会兼爱天下所有的人；也不会自己独自获得成功，而是会让天下人都先获得成功。——译者注

在一个独立的短语或句子中。西方人就像牛顿式科学家一样，总是想将某种情况或问题从周围的环境和影响中分离出来，只“专注”于其特殊之处。在做生意时，他们总是喜欢具体详细地列出各个要素和条款，并落实在一份冰冷的书面合同中。甚至在西方社会中，公民的权利和责任也在社会契约中被合法化。

量子物理学认为，现实本身就是由各种关系构成的。事实上，在量子真空本身（万物之源）之后，量子场论发现，万物最开始、最基本的构成要素是玻色子，即关系粒子。整个宇宙是一张庞大的关系网，万事万物互联，因此要想了解基本粒子的任何信息，科学家就必须知道它与什么有关以及可以在什么背景下观察它。

因此，量子领导者始终需要研究他的处境或决策所处的庞大关系网络。如果他想改变某种情况或为其企业开创一个更好的局面，他就需要改变以前的关系或建立新的关系。而像海尔这样的量子公司，总是将自己构建成一个商业生态系统，一个由不同的职能、专业知识和力量组成的相互关联、共同创造的网络。它们可能希望通过将其他公司（有时甚至是竞争对手）纳入一个共享、合作的生态系统中来不断拓展自己的领域。

原则 5：场独立

虽然我们始终是庞大关系网络的一部分，必须根据与他人的关系来考虑我们的行为和决策，但我们也是必须做出这些决策并有权采取这些行动的独立个体。量子比特总是既像波又像粒子，总是通过它们的关系来定义，同时也是关系网络中的个体行动点源。正如朱熹在《大学章句序》中所说："盖自天降生民，则既莫不与之以仁义礼智之性矣。然其气质之禀或不能齐，是以不能皆有以知其性之所有而全之也。"[①]因此，无论是量子自我还是想要在未来成为圣贤的人，都有责任将自己视为独立的个体，修身养性，在人际交往中做到真实和正直。他们既不会随波逐流，也不会将他人的不良行为或错误思想作为自己的借口。孔子说："君子求诸己，

① 意思是，自从上天降生人类以来，上天就无不赋予每一个人以仁、义、礼、智的本性。然而人与人的天资和智力存在差别，所以不是每个人都能知道自己本来就应该具备这些善良和理智的本性而努力保全它。——译者注

小人求诸人。”[①]

场独立的领导力原则意味着要有能力站在人群的对立面，遵循自己的信念。即使所有人都说我们错了，也要有力量和勇气去做我们认为正确的事。要有不受人欢迎的韧性，即使受到嘲笑或排斥也不屈服，即使受到批评也要坚持自己的原则或理想。孔子说：“君子矜而不争，群而不党。”[②]遵循场独立原则的人不易被流行的观点、当下的趋势或惯常的做事方式所迷惑。他们敢于质疑，敢于打破常规思维。孔子告诫我们：“众恶之，必察焉；众好之，必察焉。”[③]

量子领导者是先驱者。他们在放弃传统权力，并创建允许员工以自组织方式自主工作的企业时，往往是在进行新的实验，并承担着巨大的风险。他们有着不同寻常的愿景，在追逐目标和梦想的过程中，他们要冒着职业生涯、公司和声誉的风险。他们必须相信自己所做的一切都是正确的，是必

---

① 出自孔子的《论语·卫灵公》。意思是，君子求之于自己，小人求之于别人。——译者注

② 出自孔子的《论语·卫灵公》。意思是，君子庄重而不与别人争执，合群而不结党营私。——译者注

③ 出自孔子的《论语·卫灵公》。意思是，大家（员工）都厌恶他（领导者），我必须考察一下；大家都喜欢他，我也一定要考察一下。——译者注

须要做的。只有最独立的思想家才具备这种勇气。

原则 6：刨根问底

问题在量子过程的发展中起着重要的形成作用。海森堡的不确定性原理告诉我们，问题产生了答案。量子现实的底层是一个巨大且深邃的量子潜能之井，提出问题就像将桶放入深井，然后提起一桶桶新的现实。在生命世界中，复杂适应系统通过不断探索环境来提出问题。不管是出于好奇心，还是出于探究精神或学习热情，人类总是不停地提出新的问题。问题还能够帮助我们了解事物的本质，了解它们是如何运作的、为什么会发生以及为什么会出错。问题能够将我们带入未知领域，让我们有新的发现。对生活中的问题进行反思可以让我们变得更睿智，让生活和工作变得更有意义。在孔子看来，提问是圣人遵循的“礼”，是尊重他人的表现，也是以和谐的方式处理不寻常或尴尬情况的方法。孔子年轻时在鲁国公室任职，他每次进入太庙，每遇到一件事都要仔细地询问。有人说：“谁说鄹邑大夫的儿子懂得礼仪呀？他进到太庙里，每件事都要问人。”孔子听到这话后说：“这正是礼嘛。”朱熹在《论语集注》中这样评论道：“孔子言是礼者，敬谨之至，乃所以为礼也。”[①]

许多企业高层领导者认为自己无须再学习新的知识，也不鼓励下属质疑他们或他们的战略和决策。他们认为被质疑是对其权力和地位的挑衅和不尊重。《礼记·学记》中有言：“善待问者如撞钟，叩之以小者则小鸣，叩之以大者则大鸣，待其从容。然后尽其声。不善答问者反此，此皆进学之道也。”[②]张载对此阐述道：“洪钟未尝有声，由扣乃有声；圣人未尝有知，由问乃知，当其可，乘其间而施之，不待彼有求有为后教之也。”[③]量子领导者欢迎他人的质疑，并能够让自己接受质疑，有些人甚至要求他们的董事会成员或部门主管必须提出疑问。他们十分同意孔子对于颜回听讲习时的评

---

① 出自朱熹的《论语集注》。意思是，真正的礼仪在于极端的尊重的谨慎，这是礼仪的本质所在。——译者注

② 意思是，善于答问的人，对待发问如同对待撞钟一样，撞得轻，响声就小，撞得重，响声就大；从容地撞，从容地响。不善答问的人恰恰相反。这都是有关进行教学工作的一些方法。——译者注

③ 出自张载的《正蒙·中正篇》。意思是，大钟原本是没有声音的，是因为叩响了它才会发出声音；圣人也不曾有知识，是因为提问使他有了知识的流通（只有叩钟才能有响声，所以圣人的语录都是在与弟子的对答中产生的）。就好像天降的及时雨来教化民众，在适当的时候，趁着有问题的间隙而施行他的仁爱思想，那么还没有等到别人有所求、有所作为的时候已经将他教化了（这就是圣人的无言说教之处，总是在不经意间就让人开显了本性中的良善，得到了天道的智慧）。——译者注

价："吾与回言，终日不违，如愚。"[①]

在一切照旧、等级森严的组织中，高层领导者手握所有的权力，员工奉命行事。那些质疑命令或程序的人被认为是不服从命令的人，往往会受到惩罚。这样的组织都不是学习型组织，它们既阻碍了创新，也否定了员工的潜力。量子组织不仅鼓励所有人提出问题，而且重视实验。

原则 7：重构

量子系统和复杂适应系统都在持续地重组、更新和重塑自身及其周围的环境，因此它们可以在不断变化的环境中维持自身和进化，以创造新的现实或新的生命形式。它们内部自发的自组织具有一种"感觉"，能够满足这种需要。促成这种自发适应的领导技能就是重构能力。重构要求我们跳出某个特定的情境或问题而着眼于全局，站在更大、更广阔的全新的语境中看待问题与机遇，并且转换自身的思维方式，抛弃过去的思维习惯和预定假设，以一个中立的第三者

① 出自孔子的《论语·为政篇》。意思是，我整天与颜回讨论学问，他从不提反对意见，像个愚钝的人。——译者注

的身份从远处观察。我们成了自己的教练或顾问。重构所需的置身事外需要敏锐的自我意识、开放的心态，以及质疑自我、质疑自己的思维、质疑导致这种思维的动机和假设的能力。我们必须培养一种放手的能力，放下我们认为的理所当然，并意识到正是我们自己的思维习惯以及形成这些习惯的动机、假设和确定性将我们困在一个盒子里，使我们无法以一种全新的、更有效的方式看待事物。这些过去的思维习惯正是孟子所警惕的“一”。孟子说：“所恶执一者，为其贼道也，举一而废百也。”[①]

重构还需要有技巧，既要倾听和寻求他人的建议，又要用自己最好、最客观的判断来检验他们说的话。需要注意的是，即使是专家也可能被困在自己的假设中，而最不靠谱、做最简单工作的员工也可能有重要的见解或想法。王阳明这样告诫他的弟子：“夫学贵得之心，求之于心而非也，虽其言之出于孔子，不敢以为是也。而况其未及孔子者乎？求之于心而是也，虽其言之出于庸常，不敢以为非也。而况其出

① 出自孟子的《孟子·尽心上》。意思是，为什么厌恶执着一点呢？因为它会损害真正的道，只是坚持一点会废弃其余很多方面。——译者注

于孔子者乎？”[①]

研究表明，在与生态系统中的同事和合作伙伴进行共创性对话时，重构会更加有效。在这种情况下，双方可以站在不同的角度提出这样的问题：思考是基于哪些假设？是什么动机造成这种情况的决策或想法？我们现在面临的情况或问题与我们之前处理的情况和问题有什么不同？其他人是如何处理这类问题的？我们可以尝试哪些新方法？

原则 8：拥抱多样性

量子系统不断地向未来伸出新的触角（“虚跃迁”），波粒二象性的特性使其不断进行亦此亦彼的实践，以发现最佳的前进方向。复杂适应系统会产生突变，以探索不同的进化方式。量子领导者知道，由 A 至 B 有许多可能的路径、可能的策略、可能有价值的观点以及可能吸引市场的产品，而它们都是整体的一部分。所以，他们的周围有许多想法不同、

① 出自王阳明的《传习录》。意思是，学习注重通过内心获得见识，精心探求所认为是错的，即使其言论出自孔子之口，也不能就认为它对，何况那些不如孔子的人。精心探求所认为是对的，即使其言论出自平常人之口，也不能认为它错。何况这个观点是出自孔子一类的贤圣之口！——译者注

观点不同的人。中国古代的圣贤也是如此。

《中庸》中这样说“圣王”舜：“舜其大知也与！舜好问而好察迩言。”[①] 孟子建议不要只坚持一种立场或单一标准。量子物理学和中国思想都推崇多样性的价值。

在量子组织中，通过划分以自组织的方式独立工作的多功能小团队或小微企业，与客户更密切地接触，从而在系统中构建起多样化的创新方式，以不断满足客户的新需求。这种多样性传播并扩大了创新，也防范了风险，确保了可持续性。

原则9：积极利用逆境

王阳明在其《边务八策》中写道：“古人云：‘使功不如使过’，是所谓‘使过’也。”[②] 他是在鼓励他的追随者们学会珍惜错误的价值，并积极利用逆境。这也是量子领导力的一

① 意思是，舜帝可算是一个拥有大智慧的人吧！他乐于向别人请教，而且喜欢对那些浅近的话分析其含义。——译者注

② 意思是，古人有言，使用有功绩之人，不如使用有过失之人，使其效命自勉，将功补过。——译者注

个重要原则。

复杂适应系统能够在混乱中创造秩序。它们在基因突变中茁壮成长，摒弃不好的基因突变，利用好的基因突变继续进化。量子宇宙和量子生物学都告诉我们，没有破坏就不可能有新的创造。这就是宇宙由两种力量主宰的原因，一种是拆分系统、打破秩序的熵的破坏力；另一种是建立新关系的创造力，这种新关系会带来新秩序和新信息。量子领导者不仅会从错误中学习，而且重视错误。因此，他们鼓励员工去冒险和做实验，因为他们深知这是创新的必要条件。“圣王”在逆境中发现机遇，在失败中找到可能。北宋教育家、新儒学哲学家程颐曾为皇帝出谋划策，是非常有影响力的程氏兄弟之一。他这样评价圣人：“他的思想不会被贫穷、障碍或灾难所干扰。他只会采取适当的行动……对于圣人来说，没有悲惨的困境。”孟子说：“生于忧患，死于安乐。”

如果想从挫折和错误中获得积极的收获，量子领导者就必须具备坚韧不拔的毅力，不轻易放弃或气馁，必须坚信自己的愿景，能够接受风险，并坚定不移地追求自己认为必须完成的目标。《易经》中也提到了这种毅力：我们发现自己被困难和阻碍所困扰。这就好比有人牵着马和马车走过来，给它们松了缰绳。但如果一个人在事业的起步阶段遇到了阻碍，他就不能勉强前进，而必须暂停，并加以思考。然而，任何事情都不能使他偏离航向，他必须坚持不懈，始终保持目标在望。

一个组织要有能力承受风险，并为可能出现的错误留出一定余地，这就要求组织发展的可持续性和/或成功不能只依赖于一种产品或一个流程。正如前文所述，这就是量子组织将实验权限下放给许多团队或小微企业的原因。如果有一两个团队或小微企业失败或犯错，也会有其他团队或小微企业成功创新，整个组织就可能会蓬勃发展。

原则10：谦逊

西方一所主流商学院的高管教育主管批评了量子领导力的12项原则，其中包括谦逊。她说，商界人士对谦逊并不感兴趣，事实上，适度的傲慢可以赋予领导者权威。许多CEO夸夸其谈、自我吹嘘，认为自己比员工高人一等。然而，《哈佛商业评论》（*Harvard Business Review*）在其关于“第五级领导者”的文章中却将谦逊描述为变革型领导者最基本的两种品质之一，即能够将一家好公司转变为一家伟大的公司。中国古代的哲学家也同意这一观点。中国的圣贤虽说有许多值得称道的品质，但大多以无私享誉古今。如果遇到一个对自己的成就充满自豪感的CEO，孔子无疑会提醒他：“如有周公之才之美，使骄且吝，其余不足观也已。”[①] 王阳明也有同感：“人生大病，只是一傲字。……谦者众善之基，傲者众恶之魁。”[②] 老子说：“贵以贱为本，高以下为基。”[③]

在自然界生命系统中，没有傲慢的一席之地。复杂适应系统中的任何要素都不会比其他要素更重要。每一个要素的健康运作都离不开其他要素的健康运作。在一个由许多人共同做出重要决策的自组织的企业中，量子领导者从不会傲慢或自负。他知道自己只是更大系统的一部分，必须倾听他人的意见，向他人学习，承认他人的品质和成就，而不是自吹自擂。他会遵循《易经》的建议，即领导者找到得力的助手

① 出自孔子的《论语·泰伯篇》。意思是，即使有周公那样美好的才能，如果骄傲且吝啬，那其他方面也就不值得一提了。——译者注

② 出自王阳明的《传习录》。意思是，人生一大缺憾就是骄傲自大，它足以影响你的人生。谦虚是各种善事的基础，骄傲是各种恶事的根源。——译者注

③ 出自《道德经》。意思是，富贵以低贱为根本，高尚以卑下为基础。——译者注

很重要，但切记要避免傲慢、保持谦逊。只有这样，他才会吸引那些可以帮助他克服困难的人。

量子领导者意识到，他们自己的成就很大程度上是建立在别人的成就以及生活给予的幸运之上的。这反过来又使他们对他人的需求更加敏感，并且愿意为员工发展创造空间和机会，让员工能够发挥自己的最大才能。谦逊使量子领导者不耻下问和寻求帮助，使他们更愿意承认自己的错误和接受他人更好的想法。谦虚会带来健康的自我批评和自我反省，使领导者更有可能挑战和质疑自己的假设，而这正是重构所必需的。谦逊的领导者也不会把自己看得太重，因此他是一个更自在的大人物。正如孔子所说："君子坦荡荡，小人长戚戚。"①

原则11：同理心

无论是量子物理学产生的哲学，还是中国最伟大哲学家的著作，都强调了同理心的自然性和重要性。它是量子领导

① 出自孔子的《论语·述而篇》。意思是，君子光明磊落、心胸坦荡，而小人则斤斤计较、患得患失。——译者注

者非常必要的品质。同理心的意思是感同身受，能够感受别人的感受，并关心和帮助他们。

墨子主张兼爱、非攻，他对博爱互助的定义是："若使天下兼相爱，爱人若爱其身，犹有不孝者乎？……故视人之室若其室，谁窃？……视人国若其国，谁攻？"[①] 同样，孔子在谈及仁者时说："夫仁者，己欲立而立人，己欲达而达人。"[②] 张载在谈及同理心时引用《礼记》中的话说："故人不独亲其亲，不独子其子，使老有所终，壮有所用，幼有所长，矜、寡、孤、独、废疾者皆有所养，男有分，女有归。"[③] 这种思想贯穿于整个中国传统中，而且是再量子化不过的了。

我们已经知道，量子世界是一个零距离的世界。原子或

---

① 出自《墨子·兼爱》。意思是，如果天下都能相亲相爱，爱别人就像爱自己，还能有不孝顺的人吗？……如果看待别人的家像自己的家一样，谁还会去盗窃呢？……如果看待别人的国家就像看待自己的国家一样，那么谁还会去攻打别人呢？——译者注

② 出自《论语·雍也》。意思是，有仁德的人，自己想立足时也会帮助别人立足，自己想发达时也会帮助他人发达。——译者注

③ 出自《礼记》。意思是，所以人们不单奉养自己的父母，不单抚育自己的子女，要使老年人能终其天年，中年人能为社会效力，让年幼的孩子有可以健康成长的地方，让老而无妻的人、老而无夫的人、幼而无父的人、老而无子的人、残疾人都能得到社会的供养，男子有职务，女子有归宿。——译者注

组成它的粒子之间没有边界或界限，它们之间不存在任何形式的分离。在量子物理学中，正如《道德经》所描述的现实，万物互联且相互包含。一个基本粒子的特性取决于它与什么有关。在自然界或人体的复杂适应系统中，每个系统的所有组成要素或器官都与其他所有要素或器官纠缠在一起，由其他所有要素或器官定义，并依赖于其他所有要素或器官。如果我想让我的肝脏和肾脏健康，我就要让我的心脏健康。如果我想让我的身体健康，我就必须吃好的食物并坚持锻炼。总之，我必须对自己的身体保持同理心。在人类世界中，量子自我是一种关系自我。我就是我的关系。因此，我不仅是我兄弟的守护者，我就是我的兄弟。如果我要健康，我的兄弟就必须健康。[①] 而在一个量子社会中，所有的公民都应该可以享受体面的生活，否则无人能受益。同情他人是一种自我保护。

量子公司也是如此。量子领导者将自己视为可以为员工提供服务的人，他们同情员工，关怀员工。他们为员工提供工作所需的资源和服务，他们的领导方式能够让员工发挥最

① 出自丹娜·左哈尔的《量子与生活：重新认识自我、他人与世界的关系》。——译者注

大的潜能，他们还关心员工的生活。量子领导者能够对其客户和客户公司所处的社会感同身受，他们清楚地知道其成功、其公司的成功、其员工的福祉和积极性、其客户的需求和满意度以及其所处社会的状态都是相互依存的，都是一个更大系统中相互纠缠的部分。在海尔这样的量子公司中，当一个小微企业伸出援手帮助另一个有困难的小微企业时，同理心就得到了实践。

我曾将量子领导者描述为“圣王”。子贡问孔子：“如有博施于民而能济众，何如？可谓仁乎？”[①] 孔子说：“何事于仁，必也圣乎！尧、舜其犹病诸！”[②]

原则 12：使命感 / 目的感

“使命”一词源于拉丁语 vocare，意为被召唤。一个具有强烈使命感的人坚信，他的人生有一个终极目标，他觉得自己被召唤去为这个目标服务。这种召唤给他的生活带来了

---

① 出自《论语 · 雍也篇》。意思是，如果一个人能够广济苍生、济世救人，这人怎么样呢？可以用“仁”来形容他吗？——译者注

② 出自《论语 · 雍也篇》。意思是，何止于仁呢？如果一定要形容他，“圣人”这个词可能比较合适。尧、舜恐怕都难以做到！——译者注

方向感，并将指导他所有最重要的行动与决策。一个人是否觉得自己的生活充实或有意义，通常更多地取决于他是否觉得自己在回应召唤，而不是金钱、个人境遇或世俗成功等因素。张载在他很小的时候就有一种要成为圣贤的使命感，而王阳明在他 15 岁时就说他希望用一生的时间来成就圣贤，并希望通过行动实现。这使他不断修身养性，并以军事家、行政长官和教师的身份服务于社会。孔子极为谦恭，从未自称为圣人，但他说过："吾十有五而志于学，三十而立。"[①]

相比于其他国家的人，中国人更有可能具有强烈的使命感，因为儒家文化的价值观至今仍强调修身养性、为他人和整个社会服务的重要性。儒家文化非常重视学习和教育，重视提升自己并推己及人。孟子说："养心莫善于寡欲。其为人也寡欲，虽有不存焉者，寡矣；其为人也多欲，虽有存焉者，寡矣。"[②] 即使人们天生善良，也必须终生努力，让这种善良战胜铺天盖地的诱惑。《大学》中说："大学之道，在明

① 出自《论语·为政篇》。意思是，我 15 岁就立志学习，希望 30 岁时能够有所成就。——译者注

② 出自《尽心章句下》。意思是，修养心性最好的方法是减少物质欲望。一个人如果清心寡欲，即使有缺点，也坏不到哪里去；如果贪得无厌，虽然有可取之处，但优点不会很多。——译者注

德，在亲民，在止于至善。”[①]孟子又说：“天之生此民也，使先知觉后知，使先觉觉后觉。”[②]

在量子科学中，目标感，或者至少是一种指导方向感，存在于生命或非生命的各个层面。宇宙本身不断地通过在构成要素之间建立新的关系来创造新的秩序、产生新的信息，从而不断丰富并实现其更多潜能。所有的复杂适应系统或生物体都在被召唤（按部就班地发挥作用），以维持自身的生存、繁殖和进化，从而提高生命的复杂性。量子管理相当于在企业更强的目标感的基础上推动可持续发展和增长。

《孙子兵法》开篇有言：“道者，令民与上同意，可与之死，可与之生，而不危也。”孙子还说，当所有人都为了共同目标而奋斗时，胜利就会来临。精于创新、极具远见的伟大企业几乎总是由那些对自己的领导有强烈使命感的人创立和/或管理的，他们会将这种使命感渗透进企业文化。这些企业知道自己为什么存在、存在的目的、为谁或什么服务。

① 出自《大学》。意思是，大学的宗旨在于弘扬光明正大的品德学习和应用于生活，使人达到最完善的境界。——译者注

② 出自《孟子·万章章句上》。意思是，上天生育这些民众，使先明理的人启发后明理的人，使先觉悟的人启发后觉悟的人。——译者注

了解这些并致力于这种清晰的使命感会让员工感到工作是完整和有意义的。员工能够充分参与其中，并深受激励，因此忠诚度高，工作效率高。

第三部分

中国的量子领导者

第7章

张瑞敏：海尔的哲学家 CEO

古代中国人以运用深奥的哲学来与世界打交道而闻名，即使在现代中国，这种情况也经常发生。我曾遇到过几位中国商界领袖，他们在设计和经营企业时受到了道教、禅宗以及新儒学哲学家王阳明的启发。在商业会议上，我经常能听到演讲者引用《易经》来阐述自己的观点。我曾拜访过苏州的一家半导体元器件公司——固锝电子，其 CEO 吴念博通过让所有员工阅读中国哲学和禅宗的伟大经典，并定期在工作时间内以学习小组形式共同讨论这些经典来激励员工，确保营造一种快乐向上、有凝聚力的企业文化，让员工感到工作的意义和目标。但我认为，海尔集团创始人、已经退休的 CEO 张瑞敏可能是独一无二的，他不仅汲取了这些哲学思想，还借鉴了它们在量子物理学和复杂性科学中的现代表达，构思了企业管理体系的几乎每一个细节。因此，海尔成为世界上第一家实践量子管理理论的全球性公司绝非偶然。海尔革命性的“人单合一”管理模式或许是那些希望将量子管理理论应用于自身转型需求的组织和机构，或寻找现代化中国管理模式的组织和机构的标杆。

张瑞敏被称为世界上最“激进”的 CEO，在中国被称为哲学家 CEO。他惊人的谦逊、学识、风度和优雅举止让他看起来更像是一位道家圣贤，而非商界领袖。他说，他希望将中国传统智慧和哲学运用到当今物联网世界的管理模式中。他每周至少读两本书，他的演讲总是会引用东西方哲学家的名言，他在公司每一次内部沟通中都会引用《易经》《道德经》《论语》等中国古籍中的名言，来更好地阐述他要传递的信息。虽然身为世界领先的物联网公司之一的掌门人，但他没有手机，没有社交媒体账户，避免参加公司聚会和社交活动。他认为这些都是浪费时间，他说：“我的时间最好用来读书。”在他的私人办公室里有一间很大的书房，里面装饰着中国传统艺术品和书法作品，这些书法作品上写的是禅宗和《道德经》中的名言。

像他那一代的许多男孩一样，他被迫在十多岁时辍学，并被送到一家工厂工作。在那里的经历是他一生中最重要的经历。他回忆说："当时，我和许多其他年轻工人总是想着如何更好地经营工厂、提高生产能力，但我们的领导总是对我们说，'你们来这里不是思考的，而是来工作的，凡事都要按吩咐去做'。当时我就发誓，总有一天，我要创办一家允许人们思考的公司。"

这也是他投身企业领导的动机之一，但还有另外一个动机。在我们最近的一次对话中，我好奇地问他，以他的聪明才智，为何会选择从商。我说："你本可以成为一位非常杰出的学者，甚至从政，担任更高职位。"他的回答直接反映了他的经营理念中对个人自主权的热情。

他解释说："如果我成为一名教授，我就必须成为学术体系中的一部分，我的思想就必须符合学术时尚。但是作为企业的领导者，我可以设计自己的体系。"的确，作为海尔的 CEO，他设计了全新的、具有开创性的"人单合一"商业模式，赢得了全球赞誉。目前，“人单合一”模式已经在中国的许多公司得到了推广和应用，也有许多公司开始效仿。

30 多年前，张瑞敏接手了一家经营不善的小型冰箱公司，后来创立了海尔。他成为老板之后的第一个举动就是十分具有戏剧性的砸冰箱事件。当着记者的面，他命令员工将公司的 76 件劣质产品一字排开，然后用大锤将它们砸得粉碎。他说：“海尔与劣质产品的关系到此结束。从现在起，海尔只为我们的客户提供高质量的产品。”但艰难时期并没有就此结束。

20 世纪 90 年代中期，海尔有一个月的时间发不出工资。张瑞敏深知，这意味着靠工资生活的员工将无法支付柴米油盐等家庭日常开销。于是，他来到青岛公司总部附近的一个村子里，打算向一个有钱人借 10 000 元给员工发工资。然而，这个有钱人知道张瑞敏既不抽烟也不喝酒，于是决定捉弄他一番。他在桌子上放了一大瓶白酒，并说：“你每喝一杯白酒，我就借你 10 000 元。”给我讲这个故事的一位年轻的海尔高管接着说：“张先生喝了 5 杯白酒，最终拿到了 50 000 元。他这样做是为了他的员工。这就是我们如此爱戴他的原因。”

张瑞敏对个人自主权的热情成为他在海尔所有改革的核心驱动力：相信每位员工都有无限的潜能，并渴望释放潜能，造福员工和公司。他说：“在大公司，员工都被视为公司的工具。很多公司致力于实现股东价值最大化，而不是员工价值最大化。我想借助量子管理理论来解放这些人。这就是我从成为这家公司的领导者的第一天起一直在思考如何提供机会和平台，让每个人都能发挥其潜能的原因。以人为本，充分发挥人的潜能，是‘人单合一’的精髓。”随着“人单合一”模式在海尔多年的积淀和发展，张瑞敏对最大限度地发挥员工潜能的热情成了海尔作为一家企业的明确的目标和特色：“我们的目标是提供能够最大化人类价值的产品，始终为我们的用户带来附加值。”

海尔的“人单合一”管理模式始于哲学，践行过程中始终伴随着哲学，这使该模式具备了相应的独特性、深度和广度。“人单合一”因此成了一种新的管理模式，能够适应零售业以外的其他行业的需求，也可以应用于教育、医疗保健等更广泛的领域，甚至成为量子全球秩序的新模式。在哲学的陪伴下，“人单合一”成了一种能够无限适应和不断进化的管理模式。张瑞敏认为这种哲学基础和应用是理所当然的，无须区分海尔这家公司和“人单合一”这种哲学。因此，在谈到海尔时，他使用了许多比喻来表达这种联系。以下我将列举其中几个。在第 8 章中，我将详细介绍这些比喻是如何体现在海尔独特的管理模式结构中的。

永恒的活火

在解释他所认为的海尔生态系统品牌的起源及其对实现人类价值最大化这一公司目标的贡献时，张瑞敏引用了古希腊哲学家赫拉克利特的话，即“火构成了有序宇宙的基本物质原理”，并将宇宙本身描述为“一团永恒的活火”。张瑞敏认为这是用一种象征性的方式来描述量子世界观关于作为一切存在基础的动态关系的观点。他指出，赫拉克利特提到的“火”意味着宇宙是由能量构成的，火既能独立运动，又能带动其他万物一起运动。他解释说，这种对火的力量和性质的解释让他想起了量子管理理论中“量子自我”（即“能量球”）的概念，它既是一个致力于自我发展的独立自我，又是一个利他主义的致力于服务他人的关联自我。在海尔的组织术语中，“独立自我”是指海尔小微企业中自驱动、自组织的企业家，而“利他的关联自我”则是指作为生态系统中的一员，致力于实现人类价值最大化的小微企业个体。张瑞敏在总结这些思想时解释说：“这就是海尔发展成为如今的创业生态系统的哲学背景，一个由能量、动力、自我实现和互利驱动的生态系统。”

海尔是海

老子在《道德经》中说：“上善若水，水利万物而不争。”在引用这句话时，张瑞敏将其与关于企业目标的两种截然不同的概念联系起来。他指出，传统管理追求长期利润和股东价值最大化，并将这些原则作为企业的首要目标。但他自己在设计“人单合一”模式时所秉持的信念是，企业应该转变观念，将为社会创造更多价值作为发展的宗旨。他解释说：“《道德经》中的这句话是说，公司里的每个人都应该尽自己最大的努力为社会服务和创造价值，就像孕育万物的水一样。江河汇入大海，因为它顺流而下，包容万物。海尔旨在服务于全世界，坚信每个人都是独一无二和重要的。所以，海尔的利益是基于造福社会、造福社区的价值创造。”

在这一点上，海尔也与量子管理的观点不谋而合，即公司里没有小人物，没有不重要的人，每个人都应有机会最大限度地发挥自己的潜能。

量子管理学认为，量子领导者就像中国的“圣王”，他的领导力不是自上而下的权力，而是他的人格和性格的权威。作为自组织的领导者，他应该放弃传统 CEO 的大部分指令权。张瑞敏还引用了《道德经》中的一段话：“有德之人的心就像深水一样，平静祥和。其心善如水，利万物而不争。其言也诚，如流水之不息。其治自然，无欲无求，如水之柔润，穿透坚硬的磐石。其事有才，如水之畅流无阻。其行恰如其分，如水般流畅。有德之人从不勉强自己，因此不会犯错。”

知行合一

张瑞敏非常推崇王阳明的哲学思想，并以王阳明强调的“知行合一”为指导来思考“人单合一”。他在哈佛大学发表关于海尔实践和管理心得的演讲时，开篇引用了《论语》中的一句话“学而不思则罔，思而不学则殆”，这句话对王阳明提出的“知行合一”有很大启发。张瑞敏接着向听众解释说，海尔成功实现“人单合一”转型并成为创新型物联网公司的一个关键因素在于，海尔的实践和思考始终离不开对古代智慧和现代科学发展的广泛理解和运用。正如前文所述，张瑞敏本身就是一个嗜书如命的人，他对历史和现在、对中国和整个世界都有着近乎百科全书式的了解。通过践行“人单合一”，所有这些思想都变成了企业的创新行动。他解释说：“我们吸收了世界上的知识以及最先进的物联网理论和思想，我们建立了一个强大的知识宝库，可以从中汲取营养，使我们能够尝试新的改革，不断适应时代的变化。”

在谈到海尔致力于创新并取得巨大成功的哲学背景时，张瑞敏再次提到了老子的“水”和赫拉克利特的“火”，并将两者联系起来。同时，他引用了《论语》中关于孔子的故事：“子在川上曰：‘逝者如斯夫，不舍昼夜’。我们将‘人单合一’从单一的系统升级至涉及多个领域的生态系统，保证企业内部和外部的稳定性、灵活性。我们以人的价值最大化作为基础，让人既有自主权，又能内固外通。当实现这种平衡时，采用这种模式的企业就能在瞬息万变的环境中自我适应，与时俱进。组织和个人可以达到既不忘使命初心，又能获得永恒的创新思维的境界；他们将拥有一团永生的火焰。”

海尔是道

在张瑞敏与中国企业文化研究会副理事长的对话中，当被问及海尔在发展的过程中，以及在转型为由 4000 家小微企业组成的庞大生态系统的过程中，如何保持企业文化的特性和统一性时，张瑞敏引用了老子关于“道”是天地万物显现的根源的论述：“道常无名，朴虽小，天下莫能臣。侯王若能守之，万物将自宾。天地相合，以降甘露，民莫之令而自均。始制有名，名亦既有，夫亦将知止。知止可以不殆。譬道之在天下，犹川谷之于江海。”张瑞敏认为，这意味着道是圆融的，以柔和微妙的方式发挥作用。天下万物（一切有形之物）皆生于有形之物，而有形之物又源于无形之物。他认为，海尔的企业文化就像无形的潜能海洋，众多小微企业生产的有形物质产品就是从这片海洋中显现出来的。正如朱熹所说，“虚无”的“一个组织原则”变成了“存在”的“一个原则有多种表现形式”，所以海尔的企业文化就是一种统一的、无形的潜能，众多小微企业及其各种创造就是从这种潜能中产生的。

他解释说："海尔通过打造创业文化，培养了无数'创客'，为未来发展创造了无限可能。外部市场的多向发展促使众多小微企业通过创新与时俱进。同时，海尔也鼓励它们为未来发展探索未知领域。正是这种无形的企业文化，推动海尔在物联网时代获得了领先地位。"

张瑞敏以道家思想解释了海尔文化如何像"道"一样，实现"一个企业多种显现"，众多小微企业都体现在统一的企业文化中，这也说明了为什么他觉得海尔的"人单合一"哲学与量子哲学如此相似，并将海尔本身视为一家量子公司。量子物理学也告诉我们，所有现存的事物，包括我们自己和我们使用的各种物质以及我们建立的公司，都是从量子真空这个巨大的潜能场中产生的现实。

在张瑞敏最喜欢的书中，有三本是海尔大学（公司的培训平台）经常讲授的，它们是《大学》《道德经》和《孙子兵法》。无论时代如何变迁、海尔如何创新和发展，中国传统文化始终都是海尔公司文化和“人单合一”管理模式的核心和灵魂，与公司发展息息相关。张瑞敏认为，经营企业需要有明确的方向感。这些书籍以及他从现代科学中汲取的知识，是指导他自己和海尔方向感的哲学思想的关键。

第8章

海尔的“人单合一”模式：始于哲学的管理革命

海尔是全球最大的家电供应商，也是物联网行业的领军企业，仅在中国就有超过7.5万名员工，在全球范围内还有另外2.7万名员工，但如今，该公司因其极具革命性的“人单合一”管理模式，而非家电产品享誉全球。事实上，由于这种模式支持无限扩张，因此，海尔现在已经超越了单纯的家电制造，进入了服装、食品、农业、生物技术和医疗保健等产品和服务领域，而这种扩张仍在继续。

“人单合一”模式是建立在一种强大的公司哲学基础之

上的，这种哲学根植于中国传统智慧和量子物理学、人类学和复杂性科学等现代科学。从本质上讲，这种哲学是一种关于人类自由、人类潜能和人类自主创造力的哲学。海尔创始人张瑞敏坚信，每个人都有巨大的、非凡的、尚未开发的潜能，因此，他毕生致力于创建一个能够帮助个人发挥这种潜能的组织。他说："这就是海尔的宗旨，帮助个人发挥其创造潜能，为我们的客户和我们彼此发现新的价值源泉。"仅凭这一点，海尔就有别于世界上大多数企业。大多数企业的目标是实现利润和股东价值最大化，而员工只是实现这一目标的手段。而海尔的目标是最大限度地提高所有人（包括公司本身、员工、客户和整个社会）的价值。海尔面临的挑战是，如何建立一个致力于实现人类价值和人类潜能最大化的组织，同时又能成为一家盈利的、有竞争力的企业，在残酷的市场竞争中茁壮成长。什么是"人单合一"，它是如何运作的？海尔是如何将中国哲学和量子管理付诸实践，并成为一家在全球多个地区、文化和政治经济体系中都占据领先地位的跨国企业的？我们将看到它是通过创建一种完全不同于传统企业体系的管理模式来做到这一点的，而这种管理模式对于那些熟悉传统企业体系的人来说似乎很难理解。

即使能够亲自参观和了解海尔及其“人单合一”的经营模式，大多数人也无法理解他们看到的一切。海尔每年都会接待上万人前来访问，但大多数人都感到困惑，即使是那些现在在海尔体系内工作得很舒服、获得了成功的人也是如此。凯文·诺兰（Kevin Nolan）在美国通用电气家电（GE Appliances）公司被海尔收购后不久就担任了该公司的 CEO，他描述了自己第一次尝试在公司内部工作的经历。他说：“当我开始与海尔合作时，我惊呆了。我一辈子都在制造业工作，但我在海尔却找不到任何与我所习惯的流程和系统相似的东西。我可以看到冰箱和炉子如何生产制造、如何离开工厂并到达客户手中，但我真的不明白这是如何完成的，是如何协调的。”

几十年来，通用电气家电公司的母公司通用电气公司一直被誉为世界上管理得最好的公司之一。该公司采用传统的分级管理流程，即由一位大权在握的 CEO 自上而下地领导，通过复杂的中层管理人员官僚网络向车间工人下达命令。管理者进行管理，而工人则听命行事。但在海尔，没有等级制度，没有中层管理人员，也没有官僚机构。张瑞敏似乎没有任何实际的领导职能，无数由员工组成的小团队似乎在自行决策和组织。在诺兰看来，这虽然看似一种混乱，却行之有效。怎么会这样？为什么会这样？

“人单合一”模式

海尔将“人单合一”翻译为员工的价值与用户的价值相一致，这种强调共赢关系中合作伙伴之间的一致对该模式更深层次的哲学根基至关重要。“天人合一”强调了该模式对各类合一的深刻承诺，这反映了道家的观点，即当人与天合一，并将这种“合一”的力量带到人类活动中时，这种“合一”会给全人类带来最大程度的利益与和谐。这种和谐原则存在于中国古代的所有哲学思想中，是几千年来中国人在商业和外交事务中寻求双赢的根本原因，现如今仍具有极为重要的现实意义。

“人单合一”也表达了道教和量子论的深刻见解，即我们生活在一个零距离的纠缠世界里。在这个世界里，除非系统的所有部分都蓬勃发展，否则系统的任何部分都不可能蓬勃发展。在这种情况下，“人单合一”的意思是，除非公司所服务的客户 / 用户（“单”）能够从公司的产品和服务中受益并获得价值，否则公司的员工（“人”），甚至公司本身，都无法发展并实现价值。借用彼得·德鲁克（Peter Drucker）的著作中的术语，“人单合一”模式也被称为零距离模式，这与任何量子管理模式都不谋而合。

颠覆牛顿式 / 泰勒式结构

张瑞敏表示，他之所以想要推出一种新的管理模式，是因为他坚信传统的管理理论已不再适用于当今社会，必须进行革新。泰勒主义以及亚当·斯密对劳动分工的赞美，是为机器时代、蒸汽机和内燃机时代，以及因这些技术而变得更简单、更原子化、更确定，从而更可预测的时代而设计的。机器是基于蓝图设计的，由简单、独立的部件组成，并按照简单、固定的规则运行，就像企业和其他旨在像不发生意外情况的机器运行的组织一样，由高层设计管理，并基于官僚主义的铁律结构化成各自为政的职能部门，这些职能再由奉令行事的员工实现，就像运行良好的机器一样。但是正如我们所见，21 世纪是一个充满不确定性、快速变化和互联互通的时代，是互联网和物联网（日常用品都嵌入了能够通过互联网进行通信的设备）的时代，而量子技术及其所有相关的复杂性使这个新时代成为可能。此外，现在的员工拥有更高超的技能，接受过更优质的教育，相比于单纯充当机器人，他们的潜能无限。

互联网等量子技术，就像它们所基于的物理学一样，以其重要的互联性消除了边界和界限，产生了它们赖以生存的计划外自组织，并具有持续产生突发的、不可预测的破坏的无限潜力。这就要求管理模式本身具备足够的灵活性和适应性，以吸收不确定性和不断中断的冲击，并在其提供的机会中茁壮成长。这就是张瑞敏所说的“未来，一切管理皆为量子管理”的原因，也是“人单合一”是实施量子管理的绝佳手段的原因。

» 去除官僚主义、中层管理和边界

尽管许多企业领导者都认同管理大师加里·哈默尔（Gary Hame）的观点，即官僚主义削弱了主动性，扼杀了冒险精神，抑制了创造力，是对人类成就的负累，但他们坚持认为，官僚主义是管理大公司不可避免之弊，并继续接受它的束缚，而且这个“怪兽”仍在不断成长。近年来，虽然大

公司的员工人数只增加了 44%，但中层管理人员的人数却增加了 100%。在员工超过 5000 人的公司中，大多数员工由八级中层管理人员控制，他们还被分配到分散的、各自为政的部门，并被要求兢兢业业地执行通过层层指挥链下达的工作指令。权力来自高层，而员工则被中层管理人员以及无止境的规章制度和表格所控制，被视为四肢发达、头脑简单的机器人。结果不仅浪费了员工的才能和潜力，而且造成了员工的压力、厌倦、士气低落，工时减少，当然还有生产率和增长率低下。正如我们刚才提到的，在过去的 12 ~ 14 年中，这些官僚主义"怪物"的年均增长率仅为 1.1%，而与此形成鲜明对比的是，同一时期，海尔的"人单合一"模式帮助海尔实现了 23% 的年增长率，公司的年收入增长了 18%。

"人单合一"的首要规则是摒弃一切官僚主义，去除中层管理人员，使组织更精益、敏捷，整个直线式管理的理念（包括来自高层的所有权力）都要随之淘汰。如今，在海尔内部，CEO 和一线员工之间仅有两层管理。其次，打破员工之间孤立的、垄断的职能部门及其边界，取而代之的是多职能的合作团队，这些团队有权做出决策、承担责任、起草战略、构思产品和 / 或服务、相互合作并直接与客户 / 用户高效沟通。原有的12 000名中层管理人员绝大部分转为创业者后，海尔将自己划分为4000个独立的小微企业。那些现在不被需要的中层管理人员可以选择加入新模式，成为经营自己的小微企业的创业者，或者让海尔帮助他们另谋出路。大多数人选择成为“人单合一”的创业者，也有一些人在其他地方找到了工作。与最初失去大量工作岗位相比，“人单合一”的转型创造了数以万计的新工作岗位。

» 自组织、自驱动、自激励

在量子系统中，任意形式的外部影响或干预都会使波函数瓦解或者坍塌，即消除潜能。在复杂适应系统（生命量子系统，包括人体和人类社会系统）中，外部干预或自上而下的控制会破坏系统的相互关联性/整体性和创造力，从而消除自然进化（增长），限制可持续发展。因此，在“人单合一”模式下，领导不再将人分配给独立的团队或小微企业，不再规定团队的工作内容或工作方式，不再干涉团队的组成，也不再给团队下达必须实现的固定目标；相反，团队是自组织、自我选择的，并且朝着更长远、更全面的目标努力。

在海尔，每家小微企业都拥有“三权”，即在等级森严的企业中通常由高层管理人员拥有的“三权”：(1) 有权制定自己的战略，决定自己的优先事项、实现目标的方式以及想建立的合作伙伴关系；(2) 有权聘任自己的员工，分配他们的角色；(3) 有权制定团队成员的工资标准以及分配奖金的方式。就像原子中的亚原子粒子一样，当团队系统面临挑战或机遇时，小微企业团队中的每位成员都可以改变其身份（角色 / 职能），以替换或替代其他成员。事实上，随着一些人的失败和新机会的出现，小微企业的胜败乃兵家常事。

海尔的目标是让每个人都成为创业者，为每位员工提供充分发挥其潜能的机会。每一个自组织的小微企业本身都是一家独立的小公司，有自己的 CEO，提供自己的产品和服务，开发自己的客户并与其沟通，它们的动力来自希望见证公司获得成功，从而为客户 / 用户创造价值；它们的回报来自个人成就感，以及它们能够保留公司的大部分利润并进行自主分配。海尔的大多数员工都是由客户直接支付工资，而不是从公司拿到工资。在罗氏制药印度公司，独立的、自组织的销售团队寻找到了极大的意义和目的，并且他们有能力决定和设计他们为医生和患者提供的服务。

同样，海尔的小微企业有三种类型：（1）面向市场的小微企业，它们直接与需要公司传统家电产品的用户打交道，同时不断对产品进行改造，以应对不断变化的客户需求和新技术的发展；（2）孵化型小微企业，它们不断拓展和探索新的商机，将海尔的产品和服务延伸至新领域，如电子游戏、生物技术和医疗保健等；（3）节点型小微企业，它们为面向市场的小微企业提供零部件或（营销或人力资源等）服务。还有一些公司将智能冰箱或智能酒柜等海尔传统的家电产品与其他提供食品或葡萄酒产品的公司联系起来，以便将这些商品快速交付给用户。随着海尔近年来向客户提供场景和生态系统品牌（下文将对此进行讨论），这些合作活动，甚至是与其他公司基于临时合同的合作关系得到了极大的扩展。

» 独立但统一

表面看来，将一家公司或任何其他组织划分为数千个独立的、自组织的实体可能会导致分裂和混乱，但“人单合一”模式使海尔成为一个凝聚力强、协调性好的组织，确保了 4000 个微型运营实体间的合作与协调。整个企业集团的首要任务是设计一个强大的中央运营系统。高级管理层确保建立一种企业文化，为每一家小微企业及其成员制定共同的标准和价值观、共同的操作程序和关键绩效指标（KPI），并为整个企业提供持续发展的共同战略方向。作为一个服务平台网络，每一个平台都是独立的，由平台创业者拥有，每个平台汇集了50多个小微企业，而平台作为协调不同小微企业之间合作的促进者，安排合作讨论，让它们了解共同创业的机会。

因此，平台所有者为小微企业提供了这些便利，同时也为规模相对更小的小微企业提供更广泛的服务，包括在需要时提供大公司的启动资源，使这些小微企业像初创企业一样运作。他们提供指导和便利，但从不发号施令。但平台所有者本身也是企业家，他们向企业庞大的内部市场销售自己的服务，有自己的增长目标，并肩负着寻找更多机会的责任来创建新的小微企业。每个平台内的集成节点提供了另一层次的系统协调，这些节点能够确保企业内所有微型制造企业的零部件集成供应，并且为这些微型制造企业提供了智能制造、大数据营销和行政服务等方面的新技能。

这些中央协调结构为所有量子组织提供了其必需的牛顿

式粒子面，而各个小微企业的自组织独立性则提供了波动面。由此，“人单合一”模式被赋予了所有量子系统的双重效益，即亦此亦彼的波粒二象性。

» 客户 / 用户是老板

“人单合一”模式认为，任何组织必须具备的核心竞争力是为客户 / 用户创造价值的能力，组织的目标以及成功的起点和终点都是不断满足不断变化的用户需求。因此，该模式要求生产、销售产品以及为用户提供服务的员工与购买产品的用户之间保持零距离。张瑞敏说：“员工必须比懂自己更懂用户。”这反过来又要求他们之间通过各种可用的方式（如电话、网络调查与对话、用户反馈机制、面对面的会议，甚至是相互走访等）进行持续的共创性对话。用户应始终感到员工是为他们服务的，是随叫随到的。

“人单合一”模式假定用户是组织的合作伙伴，有时甚至成为员工，他们的反馈和建议会促进新产品和新服务的开发，从而点燃创新之火。海尔对该模式进行了一些调整，让用户分享其推荐的新产品或新服务的利润和优势，使他们自已成为用户创业者。这是观察者与被观察者之间共创的量子关系的一种实现方式，它告诉我们，在观察和质疑现实、关注现实潜力的过程中，我们将可能性变为现实，使现实发生。通过观察、讨论以及与用户需求和建议相关联，员工和用户共同创造出创新的现实。

» 关系造就组织

量子宇宙是由关系构成的，所以是关系造就了现实。在量子物理学中，甚至还有一种被称为玻色子的关系粒子，它被描述为维系万物的“胶水”。万有引力、电磁力、强核力和弱核力这四大基本力均由玻色子构成。要想正确理解宇宙的运作方式，那么“力”这个词本身必须被真正理解为关系的存在。而“人单合一”一词本身也包含了对员工与客户/用户之间基本的、决定性的关系的理解。因此，任何实施“人单合一”管理模式的公司或组织都认为，建立零距离关系是其基本组织原则。

在亚马逊和阿里巴巴这样的大型电子商务公司中，电商平台为诸多独立的公司提供服务，而这些公司之间没有任何关系，它们与自己的客户之间只有交易关系。“人单合一”模式将小微企业与用户之间的零距离关系作为第一要务，同时也要求公司培养与所有小微企业之间的零距离合作关系。至少，在整个公司网络系统中应该共享关于其他企业正在做什么的信息，必须有机会进行跨小微企业的讨论并分享想法，以在整个系统中促进交叉创新。这些小微企业必须有一种文化归属感，即为共同的目的，为用户，为自己，为彼此，为整个公司，以及为公司关系系统中的所有其他参与者创造价值。

» 开放式创新

大多数公司和组织对其创新研究极为保密。创新想法被视为公司的资本，所以公司会想尽一切办法阻止潜在竞争对手“窃取”这些想法。但“人单合一”模式认为所有关系都是有价值的，它呼吁在公司内部人和周围环境中的局外人之间建立一种牢固的共创性关系。因此，以海尔为例，它不仅通过与用户建立零距离关系，挖掘他们的需求和对创新的想法，还更进一步寻求整个外部社区的创造性帮助。

在海尔，无论是公司研发正面临的问题，还是对新产品或新产品功能的“好点子”的呼吁，都会被发布在社交媒体上，以供所有人观看和响应。有时，当需要对现有产品的特定问题或开发新产品的机会提出创造性意见时，会有多达300万人响应。公司还会定期与40万名问题解决达人（包括各行各业的专家和专业研究机构）沟通，寻求推动创新的建议、反馈和想法。当这些个人或机构的意见被成功地应用于新产品或新服务中时，相应的个人或机构将获得一定的利润分红。有些人甚至会加入公司，成为新的小微企业的负责人。

这种无边界的创新创造方法意味着，“人单合一”视每一个人为合作伙伴或创业者，从而践行了量子原则。因为我们宇宙中的万事万物都是相互纠缠的，你中有我、我中有你，所以没有局外人，没有陌生人。我们都是一个更大的、合作的共创性系统的一部分。加里·哈默尔观察到，通过线上公开产品开发的全过程，海尔将产品从概念成型到上市的时间缩短了70%。

» 从恐惧到实验和创新

心理学研究表明，在大型官僚公司和其他组织中，恐惧是驱动员工的核心动力。他们害怕犯错，害怕惹恼老板，害怕搞砸工作。因此，大多数老牌公司的座右铭是：一旦行得通，切勿破坏现状。但这使得它们从本质上变得保守，厌恶风险，反而扼杀了创新。我们的量子宇宙作为一个整体，以及其中被我们称为复杂适应系统的生物体，时刻都在面临风险。它们在风险中茁壮成长，因为风险的创造性已融入系统的本质。风险是实验，是对未来的探索任务，是进化与成长的关键。在实践中，作为量子模式，“人单合一”模式创造了一种接受风险并在风险中茁壮成长的系统结构。

“人单合一”模式下的微型实体，因为数量众多，都可以自由地探索未来，其行为如同原子系统在准备进入不同能量状态时抛出的多个“跃迁”中的一个。每一个“跃迁”都是在探索通往未来状态的一条可能路径，即使这可能不是系统最终要走的路径，“跃迁”在试运行过程中也会对现实世界产生实际影响。同样，海尔诸多的小微企业中的每一家都有可能在市场上大获成功，也可能不成功。如果不成功，那么它们被允许失败，而不会对整个公司系统造成任何重大影响。但是，失败的实验本身却能从整个系统中获得经验和知识，因此是值得的。海尔总是能从实验中获益，同时又能在逆境中拥抱多样性，甚至蓬勃发展。

» 生态系统：可能性的叠加

量子宇宙是诸多系统的集合系统。即使每一个单独的量子波函数也是一个可能性叠加的系统，每一种可能性都是一个等待发生的丰富的新现实。当系统中的元素形成新的关系时，这些新的现实就会出现。“人单合一”模式对生态系统的运用也具有这种近乎无限的潜力，通过将各种可能性转化为各个方向上新的、综合的现实。许多不同的生态系统联盟都有很多可能性，因此每一种新的关系都会创造出新的机会。这就为量子组织提供了持续、无止境增长的可能性，甚至可能是“永生”。

当海尔首次引入“人单合一”模式，将公司划分为数千个小微企业时，这些小微企业之间出现了一种十分激烈的零和竞争，每家企业都只在乎自己可能取得的成功。因此，在公司转型不久后，海尔就鼓励采用合作共赢的生态系统模式。人们很快注意到，用户很少购买一种电器，而是在购入新的面包机后，很快就会订购新的微波炉和 / 或新的熨斗。同样，在海尔自己的内部市场中，一家面向市场的小微企业可能需要从一家制造型小微企业那里获得一个零部件，也需要从另一家制造型小微企业那里获得另一个零部件，以此类推。小微企业们很快就意识到，如果它们联合起来形成临时的合作伙伴关系，就可以为用户提供更多的整体解决方案，从而节省了客户寻找和购物的时间，同时也能从联合市场中获益。如今，海尔是一个由合作的小微企业组成的网络，有时一次合作多达 400 家小微企业，它们结成联盟，为用户提供所需的整体解决方案。就像量子整体论一样，整体（从更大市场中获得的共享利润）大于各部分（单独、逐一销售）的总和。

2019 年，海尔进一步发展了生态系统概念，推出了全新的生态品牌。海尔在其发展过程中发现，用户喜欢购买能够满足多种需求的组合产品，于是开始着手提供整体场景，例如阳台场景。最初，他们以为人们会将阳台作为放置洗衣机的地方，但很快他们发现，用户还想添置一张沙发或一个迷你音响系统，甚至是一两件运动器械。阳台场景的构想由此产生，但这需要与其他公司［如体育用品公司迪卡侬（Decathlon）］合作，并签订临时合同以提供此类物品。作为新的阳台场景产品的一部分，并将整个组合作为一个生态系统品牌提供。合作伙伴们在该品牌下进行临时合作的协商，以保证每个合作伙伴都能从中获利。

有了生态系统品牌，更多的边界逐渐消失了，不仅是海尔内部各个职能部门和小微企业之间的边界消失了，海尔与其他公司之间的边界也消失了。现在，海尔更多地将自己看作一个庞大的多公司网络的“枢纽”，而不仅仅是一家公司。场景 / 生态系统品牌效益是海尔将忠实客户数量的持续增长视为长期目标，而不是以市场份额作为成功标准的关键。正如张瑞敏对这一逻辑的总结：“通过满足用户的各种需求，我们正在培养与我们并肩战斗的终生用户。”

正如在量子宇宙中，有了“人单合一”模式，万物互联，整个系统从一个双赢的解决方案网络中获益。这就赋予了海尔作为量子公司拥有的另一个重要特征，即量子物理系统的“涌现”特性，即通过各组成部分之间的关系产生全新的现实。我们可以看到，海尔是如何从其生态系统内部的关系中“涌现”出来的。实际上，每家公司都通过与“人单合一”模式中的其他公司建立关系来获得新的可能性。所有公司在保持良好状态的同时不断发展壮大，它们成了有生命力的公司。海尔本身就像一片热带雨林，充满生机和活力，具有无限的发展潜力。

第9章

朱海滨：拯救世界上的蜜蜂

“白马湖老怪物”

多年来，我曾数次到“白马湖老怪物”位于杭州郊区的漂亮花园里拜访他。他的儿子，也是他的商业伙伴朱旻昊每次都会加入我们，担任翻译。在温暖的阳光下，我们坐在湖边，吃着中式野餐，喝喝茶。有时，夜幕降临，我们会换成威士忌和“老怪物”的古巴雪茄。这些天，花园里到处都是蜂房，我们的野餐中加入了蜂蜜和他女儿用蜂蜜、柠檬和百香果汁做的清凉饮品。当地的小朋友也会向父母和邻居出售这种饮品来赚些零花钱，这考验了他们早期的创业技巧。

“怪物”一词在中文里既有“坏”又有“聪明”的意思，“老怪物”正是因为“聪明”获得了他的绰号。他帮助许多人掌握了创业技能，为自己赚到了钱。他也是一个非常有成就的企业家。他的中文名字是朱海滨，不过他更喜欢用他的英文名 Eagle（鹰）来称呼自己。

朱海滨，1965 年生于中国浙江省。他的父亲曾是一名水手和船长，后来在航运金融领域担任人力资源主管。朱先生曾在上海同济大学学习建筑学。23 岁时，他在那里第一次接触到“道”，他尤其受到道德经中两部分内容的启发，一个是“道生一，一生二，二生三，三生万物”，另一个是道教强调要为他人服务。不管是在电商领域，还是在他最近与蜜蜂的“合作”中，道家思想对朱先生的生活和商业实践都有深远的影响。他后来采用量子管理原则来组织和领导他的公司，也是受其与量子哲学的诸多共鸣的推动。

朱先生的第一次创业是在山东成立了一家房地产公司，其管理方式很大程度上也受到了道家思想的影响。他认为，整个环境系统（建筑和房地产是其中的一部分）是遵循宇宙规则的：自然遵循天道，人遵循自然。但是到了2008年，朱先生发现房地产生意难做，行业艰难，他觉得这无法满足他帮助别人的愿望。他想成立一家公司，让人们能够更加自给自足，更好地掌控自己的生活。于是，他在杭州成立了一家电商公司，即万色城。

万色网络作为一个平台，为生活在中国、印度、尼泊尔及东南亚国家的女性企业家组成的网络——万色女生（Wan Se Girls）提供产品和服务。该公司主要供应化妆品和婴儿用品，妇女们以批发价批量购买这些产品，然后在自己的社区和家中组织聚会，向家人、朋友和邻居推销这些产品。这些女性都是独立的代理商，自己做老板，从她们的销售活动中获得重要的经济利益，同时也丰富自己的社交生活，享受着整个国际网络的共同认同感。朱先生亲自实践“无为”的领导方式，让整个系统实现自组织，这让他有时间从事另一项事业——发展农村文化和教育，尽自己的力量来拯救世界蜜蜂种群。这项事业真正成了他的激情所在，也实现了他服务于天、自然和人类的个人愿望。

万色智能蜂箱

朱先生从小就对蜜蜂和它们的习性着迷。成年后，随着蜜蜂的栖息地和食物来源不断受到威胁，他开始越来越关注蜜蜂。中国曾经是世界上最大的蜂蜜生产国，但与国外蜂农一样，有些蜂农开始舍弃天然草本植物，而用糖来饲养蜜蜂，导致市场萎缩，这让朱先生非常担忧。2014 年，他开始尝试为蜜蜂设计数字智能家居系统，这种系统配置了可以控制蜂箱内的温度和湿度、控制空调系统、监测蜜蜂的健康和活动、告诉蜂农在哪里可以找到当地最有营养的草本植物来喂养蜜蜂的软件，还配备了报警器来驱赶熊。最近，他一直在开发另一款软件，可以让蜂农更安全地采集蜂蜜。到 2018 年，蜜蜂养殖的技术和软件都得到了充分开发，万色蜜园蜂业公司和研究中心开始作为商业组织运营。如今，朱先生得到了 100 名同事和顾问的帮助，其中很多是科学家和经济学家，整个项目也得到了政府大力的支持，因为这有助于振兴乡村地区。

一个传统蜂箱一年最多可以生产 5 千克蜂蜜，但万色智能蜂箱可以生产 10 千克蜂蜜或者更多，而且蜜蜂的寿命也更长。一位蜂农原来最多能管理 30 ~ 50 个传统蜂箱，但现在他能管理 100 个数字蜂箱，这样他每年的蜂蜜收入至少翻了两番。万色还鼓励使用其提供的蜂箱的农民用天然草本植物而不是糖来喂养蜜蜂，从而进一步确保蜂蜜的产量和质量。保险公司愿意为这些做法提供证明，保证蜜蜂的健康和生活条件，为农民提供进一步的营销工具。

自成立以来，公司已经生产了20 000个智能蜂箱，其中10 000个用于全国18个养蜂村，另外10 000个销往国外。朱先生的愿景是，最终由中型企业生产出10亿个智能蜂箱，并销往世界各地。如果在中国饲养1亿个智能蜂箱，那么这将为农村创造2000万个相关的就业机会。为了促进这一行业的发展，政府正在设立更多的教育项目和奖学金，帮助年轻人学习养蜂技术。万色蜜园在杭州总部为在校学生提供了丰富的蜜蜂教育项目。

在万色研究中心，科学家们正在开发可以用蜂蜜作为原料的新产品，包括化妆品、营养食品和药品等。用蜂蜜制成的一些中草药可以帮助聋哑人和盲人恢复部分能力。朱先生通过其万色城电子商务集团，将这些产品分销给他的国际销售网络万色女生，从而为代理商提供了更多的创收途径。

万色蜜园与杭州郊区曾经非常贫穷的萧山区临浦镇开展了合作。该公司为镇里的 100 位蜂农每人免费提供了 100 个智能蜂箱，并指导蜂农如何使用软件。该公司还收购和销售该镇生产的蜂蜜。朱先生的儿子朱旻昊带我参观了临浦镇，我有幸亲眼看见了新型数字智能蜂箱为这个小镇带来的巨大改善。临浦镇已成为政府指定的示范镇，这里绿树成荫，铺设好的道路穿村而过，新建的智能中央社区大厅提供会议室、餐厅和茶馆等，居民可以在此开展休闲活动和社交，还有一个大型展厅，展示和销售用村里的蜂蜜和茶叶制成的多种产品。作为中国脱贫攻坚战的一部分，居民的住房都得到了更新和升级。一位获得蜜蜂科学博士学位的年轻蜂农带我穿过镇里的果园和茶田，来到他饲养的蜂箱旁，向我演示他是如何收集蜂蜜的。值得注意的是，他没有穿任何防护服，他告诉我，中华蜜蜂的攻击性比其他品种的蜜蜂弱。它们还能够比其他大多数蜂种飞到更高的海拔，因此能够采到更多生长在高山地区的营养丰富的草本植物的花粉。

万色金蜜蜂项目及其附属研究中心为朱先生提供了一个机会，他长期以来一直想遵循道家的愿景，即我们在地球上的企业应当遵循天道（即宇宙和自然之道），成立一家公司。

这也使他能够将道家和量子管理的无为（即放手）领导理念付诸实践。一旦他为蜂农提供了智能蜂箱，并教会他们如何使用，他就不会进行任何管理控制，也不会给他们施加任何生产压力。每位蜂农都是自组织的企业家，他们不受干扰地养蜂、采蜜，并保留出售蜂蜜的所有利润。政府发行的数字货币进一步改善了农民的生活，而万色研究中心提供的技术可以帮助他们了解如何使用这些数字货币来增加收入，并通过在线系统来改善他们的工具。

朱先生是一位卓越的量子领导者，他满怀理想，充满灵感，善于鼓舞人心，一生致力于服务——服务于自然，服务于他所扶持的众多独立创业者，服务于生活在偏远地区或农村的人们，服务于想要获得更多健康优质产品的消费者，最终服务于社会和宇宙。他的创业活动创造了许多就业机会，使人们能够开发自己的潜力，获得更好的收入。退休后，他想成为一位蜂农。

第10章

李玲：学校的量子管理

学校的量子管理

到目前为止，我主要将量子领导者视为商业领导者，将量子管理视为更好地搭建企业架构以及赋能企业发展的新方式。但在我最近一次游访中国时，我了解到，量子管理正被用作管理学校的一种新方式，并为教育改革以及实现教育现代化提供了新思路。基于小组项目的学习正在取代被动的课堂学习，孩子们被要求将学校的作业与他们日常生活中的挑战以及他们在学校之外将面对的世界联系起来，学生们可以自主选择他们学习的方式和内容，对学校的日常运作承担更多的责任，学生和教师正在接受“人人都是领导者”的理念。无为或不干涉正在成为校长和学校董事会奉行的原则。

很少有人会怀疑教育和日常学校生活都迫切需要改革和实现现代化。2023 年，盖洛普对美国所有高中的学生进行了一次调查，结果显示，学生们在以下三个方面为学校给出了 C+ 的评级：为未来做好准备、让学习的过程充满激情以及满足特殊的学习需求。10% 的学生将他们的学校评为 D 级或 F 级。

今天，儿童在长大后必须进入的世界与 19 世纪末开始实行的通识教育所要服务的世界不可同日而语。21 世纪的世界充满了令人眼花缭乱的快节奏变化、问题和不确定性，这就要求学校毕业生能够进行独立思考、批判性思考和创造性思考。技术从根本上改变了我们在生活中面临的挑战和机遇，也改变了我们工作所需的技能。利用数字技术工作，并从人工智能系统中获得最佳优势的能力几乎已经成为工作的必备技能。我们在企业中看到的领导力危机与整个社会面临的权威和尊重危机如出一辙——学生和工人都要求更多的自主权和决策权。今天，我们面临着许多问题，我们感觉自己没有能力去解决这些问题，我们经常感觉没有人能掌控一切，没有人比我们更有能力去解决这些问题。我们中的一些人甚至开始怀疑，人类是否有能力解决自己制造的问题。事实上，人类可能正处于一个生存的转折点上，在这个转折点上，我们要么在智力和智慧上，或许在我们的本性上实现质的飞跃，要么我们会灭亡。然而，旨在为我们的生活做好准备的学校在很大程度上并没有做出改变，而且它们似乎并没有意识到自己已经跟不上时代的发展，已经变得无关紧要。

学生的祈祷

我小时候很讨厌上学，很讨厌整天坐在桌子前，我不明白为什么必须上学。上课时，我最大的问题是难以保持清醒。我经常在早上装病，这样我就可以待在家里，或者希望一场大暴风雪能让学校停课。20 世纪 50 年代，我曾经希望有人能给我的学校投下一颗原子弹。在家里，我自己学到了更多的东西，我可以阅读和做我感兴趣的事情，而不用等待别人赶上来。

在我上学的头两年，我在家里接受祖母的教育。每天，她从当地的乡村学校下班回到家，和我坐在一起，提高我的阅读能力和数学能力。白天，当我的朋友们坐在学校里时，我在家里读自己感兴趣的书，打理后院的菜园，利用空闲时间做手工。在看了一个关于电影《汤姆·科贝特，年轻宇航员》（*Tom Corbett, Space Cadet*）的电视节目后，我用橙色的板条箱和多余的木头建造了我自己的火箭飞船，然而当我去加油站购买登月所需的燃料时，我还是遇到了麻烦！我收集并解剖了蚱蜢和蠕虫，观察花园里的蚁群如何忙碌地生活和筑巢。我在祖母的一间鸡舍里成立了天文俱乐部，墙上贴满了行星图片和星图。我花几个小时放风筝，祖父为我讲解了关于气流的知识。他在美国的五大湖上当拖船船长时学会了如何最好地利用水流来驾驶他的船。他是镇上的治安官，每天下午都在我们的客厅里开庭。我被允许旁听他的庭审，听他讲述那些有麻烦的成年人的问题和争吵。每天都是一次学习探险，自由玩耍、倾听、动手和观察是我的学习工具。但在我八岁那年，我搬回城里和母亲住在一起，并进入了正规的学校。学习探险被每天八个小时的静坐和死记硬背取代，而自由玩耍的乐趣则被非常严厉的老师及其惩罚和威胁取代。我被迫做的家庭作业既枯燥又重复。

我小时候有很多问题，但这些问题很少在学校里被探讨。事实上，老师们经常因为我问问题而责备我，他们只是告诉我"安静，听我说"。高中时，我的物理老师每次看到我在大厅里走向他就会冲进男卫生间。同为教师的我母亲问他为什么这样做，他说："我怕她会问我问题。"事实上，我可能想问他关于量子物理学的问题，我在15岁那年的空闲时间发现并学习了量子物理学。这位老师并不想听到我分享我在我的卧室里做的原子项目——电子加速器和用于跟踪亚原子粒子运动和碰撞的威尔逊云室。他只是害怕我问问题。

然而，问题是所有探索和创造的源泉，是孩子天生的好奇心和求知欲的标志。量子物理学已经证明，问题和实验正是现实创造本身的来源，是我们投入无限量子潜能之海的那些水桶，用来装满现有现实的新水桶。也正是有了问题，我们才创造性地发现了自我，并将我们的经验碎片联系在一起，形成一个有意义的整体，一个有意义的人生。用不鼓励提问的学校教育制度来扼杀这一切是对儿童的虐待。

就像我自己、我自己的孩子以及现在我的孙子孙女经常遇到的情况一样，有一天，智利著名生物学家翁贝托·马图拉纳（Umberto Maturana）的小儿子放学回家说他讨厌学校。惊呆了的马图拉纳问他为什么，孩子说：“我的老师不让我学习。他们只教我他们知道的东西，而不教我想学的东西。”作为回应，马图拉纳写下了《学生的祈祷》（*The Student's Prayer*），这可能是我自己说过的，也可能是你们很多人想对老师说的话：

别把你知道的强加给我，

我想探索未知，

并成为自己发现的源泉，

让已知成为我解放的源泉，而不是奴隶。

你的真理的世界可以是我的局限；

你的智慧是对我的否定。

不要指导我；让我们一起走吧。

让我的丰富始于你的结束。

告诉我，让我能站在你的肩膀上。

展现你自己，让我与众不同。

你相信每个人都可以爱和创造。

当我要求你按照自己的智慧生活时，

我理解你的恐惧。

听你自己说你不会知道我是谁。

不要教导我；让我做我自己。

你的失败在于我和你完全一样。[①]

一所以儿童为中心的学校

当我参观位于中国广东惠州的北京师范大学大亚湾实验学校时，我发现这样的学校和充满冒险精神的学习经历能够回应这位学生的祈祷，而这样的学校正是我在乏味的学生时代所渴望的。这所学校的孩子们很开心，争先恐后地冲过来迎接我，并迫不及待地向我展示他们的作品。老师们和蔼可亲，温和地引导孩子们分享他们的热情，而不是对他们进行严格的管教。孩子们和老师们都觉得见到一位外国人很不寻常，向我提出了很多问题。这所学校可能是中国第一所，也可能是世界上第一所采用量子管理原则进行管理的学校，学校的氛围令人愉悦和振奋，新的教学楼和校园非常漂亮，明亮的教室里展示着孩子们的作品，墙壁上贴满了孩子们的艺

① 出自玛丽·洛萨达的《关怀》。

术作品以及关于自强不息、永不言败、助人为乐和学习乐趣的格言。让我向大家介绍一下这所学校杰出的女校长，以及她所实施的革命性的教育和管理实践。

李玲既是北京师范大学大亚湾实验学校的校长，也是北京师范大学的教授。她也绝对是一位量子领袖，她睿智、有爱心、博学、友善，而且非常专业，是学生和教职员工的优秀榜样。北京师范大学大亚湾实验学校成立于 2016 年 7 月，是中国推进教育现代化的先行机构。李玲是该校的党委书记，也是其他许多学校的顾问。每年，她会在这所学校接待数千位教育同仁。在漫长的教师和校长职业生涯中，她获得了广泛的认可，也获得了许多奖项，如全国杰出教师、全国杰出校长和山东省十大创新教育领袖等。

李玲出生并在山东省长大。她的祖父是中医，父亲是教师，母亲是家庭主妇。她有一个女儿，在加拿大多伦多的一所学校担任校长。李玲从小就知道自己长大以后会成为一名教师，但她的老师并没有给她留下好印象。她记得她害怕老师，因为他们很严厉，很少微笑。她对自己说，等自己成为一名教师，一定要保持微笑。事实上，当她还是个孩子的时候，她就以开心的笑容而闻名。在她漫长的教学生涯中，她一直被称为微笑的老师。

的确，微笑已成为李玲做人和为师的原则和重点。这个词的含义成了她内心的动力，她相信微笑可以克服任何困难，解决任何问题。在她的一生中，她一直将微笑作为一种个人冥想的形式，以突破自己的问题、局限和困扰。她鼓励将微笑作为学校文化的基石，并教导学生和老师："让说'你好'成为你的日常习惯。"这是因为当你说"你好"时，你的脸上总会绽放出笑容。在我参观大亚湾学校的那天，每个人都对我说"你好"，我看到了许多非常开心的笑容。

在担任了几年数学和语文教师后，李玲被任命为北京师范大学青岛附属学校的校长。这是一所拥有三个校区、4000名学生的学校。这一任命实现了她儿时小名"笑"的另一个含义。除了"微笑"，"笑"还音同校长的"校"。很快，她就将这所学校从一所贫穷落后的学校变成了全省最好的学校之一，并以其独特的学校管理方式赢得了声誉。李玲一直坚信以儿童为中心的学习理念，她的首要目标是让孩子们在学校里度过快乐的时光。在这所学校，她引入了许多早期实验，让孩子们更多地掌控自己的学习体验，让教师们更自由地选择教学方式和内容，让家长们更多地参与学校的日常生活。这种更先进的教育理念和独特的学校管理风格让她声名鹊起，最终，北京师范大学邀请她领导一项更大胆的学校现代化实验。

北京师范大学大亚湾实验学校于 2016 年 7 月首次开学。在此之前的几个月里，李玲聘请的新教师举办了社区活动和研讨会，向当地家长介绍新学校以儿童为中心的办学理念，告诉他们满足学生的需求、让学生快乐地上学是学校工作的重中之重。在五月和六月期间，李玲本人也在社区做了几次演讲，介绍新学校的理念和方法。她说，学校将提高孩子们的主动性和自我激励、自我组织的能力，还将激发孩子们的内在动力，强调良好的品格，帮助他们成为更好的公民，为社会做出更大的贡献。最重要的是，学习的环境将是积极快乐的，学校、家长和社区之间将是零距离的。尽管如此，在学校开学的第一天，她和教职员工都不知道会有多少学生来报名——10 个还是 12 个？几十个？但事实上，有 432 名学生和他们热心的家长来到了学校。如今，学校已有 2000 名学生。

李玲引入了一种权力下放的量子管理方法来管理学校。她放弃了传统的校长的控制权和权力，宣布人人都是领导者，包括教师、家长和学生自己。这个新制度要求对学校的教师和孩子们都给予极大的信任。这种信任是量子管理的一个基本特征。日常学习以项目为基础，鼓励动手实践，营造一种制造者文化，孩子们以小组展开工作，并在家长和老师的帮助下发起自己的项目。每学年开始时，孩子和家长会看到一系列学习机会和项目，供他们选择，然后学生和老师都会写一份愿景声明，说明他们在那一年里想学习什么或教什么。如果到学年中期，孩子们觉得这些课程不合适，或者兴趣发生了变化，他们就可以在学年内更换一个新的课程。最重要的是激发孩子们的学习兴趣和热情。这些实践实现了量子管理所要求的自我激励和自我组织。教师也可以在每学年开始时选择他们想教的科目，或者选择他们是否想在该学年教课。他们每个人都有三种选择，即他们在这一年中想做什么、教什么，以及他们想与哪些教师合作。组长会选择自己的团队成员，但加入团队是每个人的自愿行为。此外，在每学年开始时，每位教师都要向家长和学生“推销”自己。每位老师在学年中都有一个共同的目标，那就是让每一位学生都快乐、充满激情，并成功地掌握所需的学术知识，但每位教师都可以自由选择自己的方式来实现这一目标。

学校采取的每一个步骤都是为了让孩子们获得整体的、“纠缠”的、万物相联的学习体验，学校奉行“流动的灵魂”的理念——确保万物处于流动状态，共同流动，并将这种流动融入孩子们的灵魂。这能够让孩子们了解为什么要学习这些东西。学校每周都会召开一次同步会议，包括家长在内的所有学校社区成员都会参加。学校强调人与人之间的合作，鼓励孩子们善待他人、友好相处、互相帮助。教师与教学团队相互合作，教师之间经常对话。所有的学习材料都是综合性的，这样孩子们就能很好地理解他们所学的不同科目之间的关系，以及它们与家庭和社区生活的关系。教育目标的选择总是有机的，以符合国家、家长、教师和学生的利益。学校花园里的蔬菜和鲜花都是孩子们和老师一起种植的，孩子们每年都会种植水稻。为了让孩子们尽早学会对自己的生活和社会负责，学校会让他们打扫卫生，包括擦窗户。

学校鼓励家长积极参与学校的日常生活，参加孩子们的演讲，每年还组织一次家长个人学习演讲。此外，每周都会有孩子的母亲来学校做演讲或读一本书，这就是“故事妈妈”的活动。学校80%的厨师和餐厅工作人员都是家长。家长的参与使孩子们的学校生活与他们的家庭生活自然而然地联系在一起。每学期开学时，学校还会向家长推荐一本共同阅读的书籍，然后以小组为单位进行讨论。我去参观学校时，大家读的书是《谁动了我的奶酪》。每学期期末，同意阅读这本书的人都要参与小组讨论和相关的活动，活动形式可能包括拍摄视频和图片以及表演等。这样，家长们也分享了学校提供的学习体验。每周五下午的混沌课程由学生和家长共同参与，90 ~ 120分钟的自由探索没有任何界限。最后，在每个学年开始时，学校都会举行不同的讨论活动，将学校董事会、当地教育主管部门、家长、教师和学生的意见整合在一起。这确保了意见的动态交流以及重新评估和未来规划。

在每学期期末，学校都会对学生的进步情况进行评估，重点强调模糊评估，既不限制学习，也不限制教学。孩子们的总体学习成绩会得到评定，而且每个孩子都接受斯坦福基于表现的评估，但总体进步是根据孩子们对这一年所学知识的展示以及教师的个人观察评估来判断的。人们认识到，不同的孩子学习的速度不同，天赋也不同，所以每个孩子都会根据自己的努力和潜力得到评分。对孩子们的评估主要基于归属感、幸福感和“流动的灵魂”这三个标准。

北京师范大学大亚湾实验学校重视课外活动，60% 的学生每天放学后都会留校参加 90 分钟的课外活动。学校尤其引以为豪的是其体育课程和成就：所有学生都通过了国家体育标准测试，而且学生们在国家级比赛中屡获奖项。但是，在这所学校就读所得到的好处远不止身体素质得到了提高。该校的毕业生在学业考试中的成绩也比其他学校的学生要好，在后来的中考和高考中也都取得了较高的分数。

量子管理在教育领域的基本原则

李玲革命性的教学理念的灵感来源于许多方面。她祖父的中医实践让她从小就接受了中国传统哲学的原则和思维方式。但她说，直到多年后，当她在加拿大多伦多地区的布鲁克大学（Brock University）担任客座教授时，一位教授经常评价她的想法多么全面，与西方思维多么不同，她才意识到她的想法非常中国化。日本航空公司创始人稻盛和夫的哲学也给了她很大的启发。布鲁克大学的另一位教授建议她阅读关于复杂性理论的书籍，北京师范大学的两位教授也经常谈到联结主义、网络化思维相对于线性思维的优势，以及问为什么的重要性。2019年，她读了我的《量子领导者》，发现了海尔“人单合一”的管理模式，她意识到量子管理就是她一直以来本能实践的东西，它为她努力实现的一切提供了总体框架和基础。因此，她开始将自己的工作描述为学校治理的量子管理。在2021年阅读了我的《人单合一：量子管理之道》后，她进一步完善了自己的学校量子管理实践。

北京师范大学大亚湾实验学校的这些新理念和新实践非常成功。2023年春，整个广东省和大湾区的教育主管部门宣布，所有学校都将采用量子管理作为实现教育现代化的手段。届时，将有9300万学生就读于这些学校。中国国家技术创新中心（国创中心）是一个由100所大学和300多家企业组成的大型科技发展集团，该组织现在也希望利用量子管理来改革中国的高等教育。为了让读者更清楚地了解这些实践的具体内容，我将在这里总结一下量子管理在教育领域的基本原则，以及这些原则是如何反映中国传统思想的。

自组织。中国古人一直认为道是自组织的。老子的“无为”原则告诉我们，不要干涉它，不要试图控制它，而是要顺其自然。有活力的量子系统是复杂适应系统，是自组织系统，会根据自身有机、内在的系统逻辑运行和进化。任何外部或自上而下的控制都会破坏可持续性和进化。量子学校作为自组织系统运行，摆脱了自上而下的严格控制和官僚指令。量子学校确保所有教师和学生拥有更大的自主权，在共同目的和目标以及自身内在动力的指引下做出决定，采取创造性举措，相互交流，发挥自身最大潜能。孩子们会自我激励，因为学习很有趣，学校是一个快乐的地方。学生和教师知道自己拥有学习和教学的自主权，并对自己的学习和教学负责，因此会更加积极主动、更加全身心投入。量子学校的校长不是用权力来领导，而是以其品格和个人榜样的道德权威来领导。他们激励和促进，而不是控制。这种自组织需要学生和教师的高度信任。

整体性。中国传统思想告诉我们，万事万物都是相互联系的，万事万物都是内在的，是万事万物的一部分。量子生命系统是复杂适应系统，是整体的——万物与万物相连，每个元素的行为和特征都是由其与其他元素和整个系统的关系决定的，没有分离。无论是在系统内部，还是在系统与环境之间，都没有界限。量子学校提供了一个“纠缠”的、整合良好的学习系统，在这个系统中，万物与万物相连。学生和教师在自组织、多维度的项目团队中工作，所有学科的学习目标都是密切相关的。这些教师／学生项目团队在与其他团队、家长、学校和社区的密切、共同创造性的关系中学习。学校鼓励家长参与并积极参与学校的日常生活。学校生态系统的所有成员——学生、教师、校长、家长和教育主管部门——都会不断地进行沟通、合作、对话和重新评估。

拥抱多样性。中国古代思想家推崇多元一体，即一个原则有多种表现形式。量子系统是多种潜能的叠加，在其进化过程中会发出多个“未来感知器”，同时探索多种前进方向。自然和进化过程在多样性中蓬勃发展。量子学校接纳所有学生的不同能力、潜能、学习方式和兴趣，接纳教师的不同技能和兴趣，接纳可学习事物的多样性和无限潜力。它们致力于百花齐放。

实验，提出问题。孔子问了很多问题！在量子物理学中，提出问题（和实验）可以创造性地发现答案。量子学校鼓励学生提出问题，带着问题去探索，并爱上提问。教学以问题为主导。

建立关系。中国文化重视人际关系。它告诉我们，我们就是我们的关系。量子宇宙就是由关系构成的。新的关系创造了新的现实，所有的事物和事件都存在于关系网络中，并受到关系网络的影响和界定。量子学校促进了学生之间、师生之间，以及学校、家长和社区之间建立良好、关爱和富有同情心的关系。学校的校风和活动为共同创造、合作关系的发展创造了机会。

承担责任。庄子说："天地与我并生，而万物与我为一。"儒家思想教导我们要对他人的福祉和社会的利益负责。量子思想认为，我们创造了世界，因此我们要对世界负责。量子学校让孩子们对自己的学习和彼此负责，让教师对自己的教学和同事的福祉负责。学校强调良好的品格和良好的公民意识。孩子们在学校的所有日常活动以及打扫和爱护学校的过程中，都在践行这种良好的公民意识和责任感。孩子和老师都是值得信任的。

快乐。量子学校是一个快乐、幸福的地方，在这里，学习和美好的友谊充满乐趣。

第11章

刘庆：迈向中国的知识与创新经济

从科研工作者到创业者

刘庆教授目前担任长三角国家技术创新中心（National Innovation Center par Excellence，NICE，以下简称“长三角国创中心”）主任，同时也是全国人大代表。他是一个典型的“好人”，一双温暖的眼睛，总是面带微笑。他是一位量子领导者，为人处事敏感、耐心和警觉。尽管他的工作时间很长，日程安排也很紧张，需要频繁国内外出差，但他的性格却异常平和，整个人散发着宁静的气息。尽管作为一名科研人员和创业者，他取得了许多成就，在社会上有较高的地位，但他却是一个十分谦逊的人。他认为，他的这些个人品质和服务社会的崇高理想，可能要归功于他祖父母的影响和他们从《易经》中汲取的智慧。

刘庆的祖父是当地的风水先生，他致力于服务乡邻，帮助村里人在建造房屋时选择地点和方位，在举办红白喜事时选择日期和时辰。他是一个非常安静的人，什么都不怕。刘庆记得自己小时候很怕电闪雷鸣，但他的祖父说只有不孝顺长辈的人才会被雷劈，尊重长辈、有孝心的人不用害怕电闪雷鸣。刘庆从中得到的启示是，只要心存善念，就没有什么好怕的。

刘庆生于重庆，是个早熟的男孩。1984 年，年仅 20 岁的他就获得了重庆大学的本科学位。之后，他到遥远的北方城市哈尔滨上学，在哈尔滨工业大学攻读材料科学与工程硕士和博士学位。他与博士导师的女儿相爱并结婚后搬到了北京，在北京科技大学从事博士后研究。

1993 年，刘庆前往丹麦，在丹麦 RISO 国家实验室从事了七年的材料科学研究。1999年，他回到中国，受聘于清华大学，担任材料科学与工程系教授。他当时还不到35岁，是该校当时最年轻的正教授之一。在清华期间，他还先后担任过清华大学金属材料研究所所长、教育部先进材料重点实验室副主任。2000年，他协助学校引进了从事高温超导材料研究的专家韩征和博士，并获得了1200万元人民币的支持，成立了清华大学应用超导研究中心。学校给的任务目标是用一年左右的时间研制出性能指标达到国际先进水平的高温超导材料。在高校，财政支持的科研经费在用于人员聘用和设备购置等方面时有许多的限制和较为烦琐的程序，刘庆感觉在这样的效率下，他肯定完不成预定目标。因此，他说服韩征和博士，与他一起创办公司，开展高温超导材料的研发和生产。这是他多年来成立的众多公司中的第一家，当时他对公司的成立和运营一无所知，一切从零开始学起，包括撰写商业计划书、融资成立公司、租赁厂房和招聘员工、购置设备建生产线、实现产品生产和销售等。近五年时间的总经理角色帮助他实现了从一位科研工作者到一位创业者的角色转换。清华大学应用超导研究中心和超导公司共同努力，研制出了具有世界先进水平的高温超导材料，成为2001年清华大学建校90周年庆典上展示的清华科研成就的重要组成部分。

在清华大学担任了七年教授并兼职创业近五年后，刘庆回到了重庆，先后担任重庆大学材料科学与工程学院院长、校长助理、工学部主任，以及主管科研与国际合作的副校长。2014 年，刘庆受邀担任江苏省产业技术研究院（以下简称“江苏产研院”）执行院长。当时，江苏省分管领导在物色江苏产研院院长人选时，希望寻找一位既有科研、学术、管理和创业经验，又有海外经历的人，而刘庆完美地满足了这些条件。江苏产研院作为江苏科技体制改革的试验田，让刘庆的才能得到了充分的发挥，他提出的“研发作为产业、技术作为商品”“团队控股、轻资产运行研发载体”以及拨投结合支持重点项目等理念和举措在江苏产研院的探索和实践过程中获得了广泛的认可。因此，在 2018 年中国改革开放 40 周年之际，仅仅成立五年的江苏产研院获得了江苏省委省政府颁发的改革开放贡献奖（20 项之一）。

长三角国创中心

2021 年，在时任上海市委书记李强和科技部领导的指导和支持下，刘庆以江苏产研院为基础创建了总部位于上海张江的长三角国创中心，一体化对外代表长三角，以一个专业化机构推动一市三省的科创资源与产业对接，更高效率、更大范围承接和集聚全球创新资源、开展合作对接、评价和推动项目落地，构建一个集创新资源、技术需求和研发载体于一体，以企业为主体、市场为导向、产学研用深度融合的产业技术创新体系和创新生态。刘庆认为，主持长三角国创中心的工作为他提供了一个尝试新事物和接受挑战的机会，他说："这给我了一个机会，可以打破陈旧的规则，探寻采用更有效的方式使用财政资金支持创新研发的新模式。"尽管目前这些资金全部来自上海市和江苏省政府，但长三角国创中心目前正将其活动扩展到邻近的浙江省和安徽省，刘庆也在中国其他许多地区积极培育类似的科研机构。他正在竭尽所能，使中国成为知识和创新经济体的愿景早日成为现实。

长三角国创中心有几项职能：资助新的科技初创企业；通过提供研究设施和资金，鼓励旅居海外、科研能力突出的华人华侨回国发展；弥合大学研究与产业所需技术之间的鸿沟，以实现更大的创新；实现科学和工程教育现代化，使大学培养出更多具有创新能力的学生。目前，长三角国创中心本部在上海和南京拥有 220 余名管理和服务人员，与国内外超过 100 所大学和 400 多家龙头企业建立了战略合作关系。

该中心目前拥有90多家专业研究所，与18 000余名研究人员合作，正处于的组织发展阶段。它将创建一个互动和共同创造的生态系统，将这个庞大的研究网络中的所有元素联结起来，形成一个超级有效的整体。该中心希望建立一个类似于海尔的量子管理 / “人单合一”模式的生态系统。

长三角国创中心的90余家研究机构中，每个机构都由一名项目负责人领导，并从世界各地招聘所需人才，而他们是否准备好承担这一责任是该中心在组织发展方面仍然面临的一个挑战。在这样一个组织中担任负责人既需要技术技能，也需要管理技能。目前招聘的人才确实拥有令人印象深刻的技术背景，但很少有人具备所需的管理技能。例如，由于前期市场调研不充分，有几家获得资助的初创企业最终都以失败告终，它们可能选错了城市或地区，那里的消费者需求较弱，它们开发的产品或系统可能不适合行业需求，或者它们根本没有进行营销等。同样，刘庆想要对这些项目负责人进行量子管理原则的培训，以提高他们的专业管理技能。例如，量子管理原则建议公司以海尔“人单合一”为榜样，在产品研发和制造之前一定要了解客户，了解他们的需求。量子公司始终以客户为导向。

长三角国创中心的研究主要集中在材料、生物技术、能源与环境、IT 和先进制造五个领域。该中心还与世界各地的大学和研究机构建立了战略合作伙伴关系。迄今为止，该中心的研发载体催生了 1200 家初创企业。这些企业一半致力于研发，另一半生产创新产品，其中一家企业已经上市，这让该中心获得了约十倍于初期财政投入的回报。

中国在成为创新型经济体的道路上面临着诸多挑战，而解决其中许多问题的任务落在了长三角国创中心身上。中国的科研论文数量在全球排名第一，但产业创新能力却远远落后，这一巨大差异在很大程度上源于大学研究与产业创新研发之间存在巨大鸿沟。大多数大学就像一座座孤岛，对产业界知之甚少或与其毫无联系，更愿意专注于纯粹的研究，而忽视实际应用。同时，在产业界工作的工程师们对大学的相关研究也知之甚少。此外，大部分大学毕业生都不具备产业界所需的研究能力和创新才能。

所有中国学生都必须在高中毕业时参加难度极高的高考，这场考试是高中毕业生能否获得良好就业机会或进入好大学的唯一决定因素。学生们从很小的时候起就在要求苛刻的“虎爸虎妈”的监视下放弃探索或思考、社交活动、参与社区活动的自由时间，全身心地投入被动地吸收知识点的学习材料和家庭作业中。他们成功考入大学后，既没有社交或沟通技能，也没有自我探索知识的技能，唯一擅长的就是考试。许多人甚至不知道自己上大学后想做什么，他们努力学习的唯一目的就是考上好大学。所以在大学中，他们重蹈覆辙，大量的时间和精力被耗费在通过更多考试的被动学习上。

大学中的研究生被鼓励专注于发表论文，而不是进行实际研究，学习理工科的学生也没有机会接触人文学科或更广泛的艺术、音乐或诗歌文化。因此，当大学生到行业中从事研究工作时，既没有社交和沟通技能，也没有参与研究团队的实际经验，对行业的活动和需求一无所知，他们的想象力和创新思维能力被多年狭隘、被动的学习所束缚，唯一的技能就是知道如何通过考试。数据显示，40% 进入企业工作的研究生在一年内就离职了。

为了解决这一问题，长三角国创中心借鉴了英国的 Catapult 计划和加拿大滑铁卢大学的 Switching 计划，即大学理工科学生每学年有一部分时间在大学学习，另一部分时间在企业的实践研究团队工作，都可以获得学分。对于几千名理工科研究生来说，长三角国创中心计划要求学生将学年的一半时间用于在学校的课堂学习，另一半时间用于与江苏产研院或行业研究团队合作。此外，该中心还鼓励大学通过将行业的实际问题引入大学研究计划，更加了解行业的创新需求，从而让学生在学术工作中开展更加注重实践的研究。

研究生项目需要大学和企业共同监督。因此，长三角国创中心也在推广大学与企业联合教授课程（即一名大学教授和一名企业教授联合授课）的想法，并为工程和科学专业的学生提供更广泛的课程，其中包括一些人文学科的学习内容。一些措施与李玲提出的量子管理治校原则（见第 10 章）不谋而合。刘庆认为还可以推广其他的量子管理治教原则。

迄今为止，长三角国创中心已为来自合作大学的超过 6000 名学生提供了奖学金，资助他们与企业合作开展联合研究项目，让他们获得与江苏产研院或行业研究团队共事或在社会其他地方就业的机会。该中心的目标是希望每年参与的学生人数能达到 10 000 人。这是一个多方共赢的结果：大学可以获得真正的项目，从而开发出真正的产品，而企业则可以与大学建立联系，并有机会了解学生。当然，学生本身也能从中受益，获得实际工作和真实社会的相关经验。

长三角国创中心为弥补学生教育中的创新短板而采取的另一项措施是创办江苏产研院暑期科技项目。这是一个为期一个月的住宿暑期项目，设在苏州的江苏产研院研究机构内。该项目的目的有以下两个：一是让学生能够直面“塑料是什么”“为什么金属很硬”“为什么塑料要包在电线外面”等问题，并且让学生们了解材料科学的前沿观点；二是让学生深度思考“如何定义问题”“如何利用技术解决问题”“研究员如何成为创业者以及面临的挑战有哪些”等问题。此外，学生们还将学习一些商业常识，如如何经营一家公司，以及他们应该了解的成本、客户、竞争和投资者等方面的知识。为了拓宽他们的知识面，提升他们的批判性思维能力，江苏产研院鼓励学生多提问题，学会质疑自己和他人的假设；为他们举办关于量子哲学和量子管理等方面的讲座；让他们参加对话和讨论小组以提高沟通技巧；带他们到附近的一个特殊手工艺村进行一日游。2023 年，有来自 20 多所高校的 60 多名三年级及以上的本科生和研究生参加了这个暑期项目。

长三角国创中心正在开展的重要工作将惠及中国乃至全世界。在刘庆的量子领导下，该中心正在成为一个量子组织。

结论

量子管理的挑战与机遇

我在本书中试图证明，量子管理不仅仅是一种革命性的新型管理模式，还是一种新的哲学，蕴含在一种新的世界观中，是一种体验生活、了解自己和他人以及我们在宇宙中的位置的新方式。就像量子物理学本身一样，它向我们之前对现实、生活、领导力、人类的意义以及公司的性质、作用和意义的所有想法提出了挑战，并让我们重新思考。就像所有伟大的挑战一样，这也为我们提供了一个机会，让我们展望更好的自己，展望我们共同创造的世界，以及企业在实现这些目标的过程中所能发挥的重要作用。对于所有人来说，这些都是挑战和机遇，但对于世界上不同的文化来说，其中一些挑战和机会是不同的。

中国人已然非常熟悉量子思维和行事方式。量子思维深深植根于中国古代的许多思想中，甚至深深植根于汉语的结构中。量子管理本身最早是由中国企业海尔践行的，现在正被更多的中国企业所采用，成为中国管理现代化的一种体现。但即使对中国人来说，量子管理也面临着文化方面的挑战。

长期以来，中国传统中存在着两个截然不同的思想流派，但差异中也存在着许多共识。这两种思想都强调天、人、地的统一，强调人作为天地之间的桥梁的作用，因此强调人类有责任将“道”（或“天道”）嵌入或反映在其在地球上所创造的事物和建立的关系中；都认可所有存在的统一，因此所有人都有责任像对待自己的家人一样服务和关爱他人，终生提升自身修养，尽自己所能为社会带来最大的利益；都强调美德和仁慈是所有有志于成为领导者的人的必备品质。但是，在如何最好地实现和践行这些方面，这两大流派存在着相当大的差异。

根植于道家和新儒家哲学，尤其是以王阳明的哲学为代表的这一传统思想流派，强调现实和关系（即组织）的动态性，主张无为、轻触式的领导方式，强调人人平等、人人都重要，强调相互尊重，因此减少了等级制度，强调过多的学习（在提高道德修养方面过度依赖书本的权威）可能会带来危害，强调真诚比单纯地践行“礼”更重要。王阳明着重强调道德权威和个人的自我发展，在他看来，良知是人与生俱来的道德自觉，每个人都具备判断是非的能力。因此，他淡化了权威和权威人物的重要性，甚至淡化了不容置疑的“天威”（在主流儒学中通常指皇权）、对“礼”的践行以及对书面文本的依赖，而是强调反思、自问、冥想和知行合一，将它们作为自我修养提升和美德发展与实践的载体。他鼓励质疑、批判性思考和探索。这是中国哲学思想中最接近量子领导力和量子管理哲学与实践的一个流派。老子、王阳明以及《易经》等，都是希望实现管理现代化的中国商界领袖经常学习和参考的重要思想和著作。

中国哲学思想的另一个强大的流派是主流儒学，它对中国的日常文化和社会观念仍有重大影响。主流儒家思想源于孔子弟子数百年甚至数千年来对孔子思想的评论阐释，并不总是反映《论语》中孔子本人的思想。这种文化非常强调社会等级制度、对长辈和其他权威人士（如国家领导人、教师和工作中的上级）的尊重和敬畏，以及对传统、社会礼仪和习俗的尊重和遵守。它不鼓励人们质疑、独立思考、挑战常规和权威，因此也不鼓励质疑以及任何具有创新性的个人尝试。这使社会变得停滞不前。以考试为中心的被动学习在中国教育中仍然占主导地位，学生大多不愿自发探索或提出问题，许多大学毕业生缺乏相应的创新精神或才能。

与那些试图以孔子的名字来定义“儒学”的后世弟子相比，孔子本人提倡“多问”，建议统治者在决策前多征求和听取意见，并尊重和信赖有能力的志士，让他们在没有他或其他权威人士的监督或指示的情况下也能工作。和王阳明一样，孔子认为人民比监督或统治他们的权威人物更重要。

量子管理哲学和实践对中国文化的主流儒家思想提出了巨大挑战，同时它也提供了一个以科学为基础，与中国传统的世界观和中国最伟大的思想相契合的机会，让中国人走一条更具创新性的道路，实现教育的现代化、组织管理的现代化，或许还可以对人际关系和公序良俗进行更多尝试。一些研究中国历史的西方评论家认为，中国的许多王朝之所以短命，是因为它们遏制了活力，从而使社会变得僵化和止步不前。中国科技初创企业中的年轻创业者，以及海尔等量子公司中那些自由探索、敢于实验和犯“创造性错误”的人，无疑释放出了一种明显的活力。如果这种现代化精神被更广泛地接受，这种活力就会被渗透到整个社会中。

量子管理哲学和实践为生活在西方文化中的人们带来了更大的挑战和机遇。西方人认为量子物理学是反直觉的、无法理解的，量子哲学与他们格格不入。大多数西方企业对量子管理的兴趣不大，原因在于量子物理学和量子管理所依据的量子世界观挑战了西方思想、西方宗教和整个西方主流世界观的根基。西方人发现，他们难以用量子的方式进行思考。西方文化和思维的根源在于亚里士多德非常形而上的非此即彼逻辑，以及犹太教 / 基督教的一神论和信仰。由此产生的世界观，其中大部分都蕴含在大多数西方语言的拉丁语语法中以及几乎所有的西方哲学中。它将主体和客体、人类观察者与其所观察的世界分离开来，从而只重视客观性的优越性，并将真理与其所处的关系或背景分离开来。西方宗教同样强调人与天或上帝、人与自然的绝对差异和分离，以及绝对真理和“唯一最佳方式”的单一性。

所有这一切在牛顿于17世纪提出的机械物理学中得到了淋漓尽致的体现，并成为影响深远的科学真理。牛顿的世界观几乎完全占据了主导地位，并在随后的300年里影响着西方大多数的思想家，包括至今仍被大多数西方公司奉为圭臬的科学管理的创始人弗雷德里克·泰勒。牛顿世界观强调原子的分离和孤立、狭义决定论的物质现实的唯一意义、“唯一最佳方式”和唯一的绝对真理，进而影响了西方医学的核心本质——将身体视为相互独立部分的集合体，影响了教育——将知识划分为学习的孤岛，影响了“原子主义公民”夸张、自私的个人主义，影响了西方资本主义具有腐蚀性的自私和狭隘的唯物主义价值观，影响了西方人的傲慢态度——将西方的方法视为唯一、最好的方法。这种傲慢使西方人认为不可能有任何直觉或逻辑与他们的不同，不可能有任何文化或价值观与他们的不同而值得考虑，不可能有任何做事方式与他们的不同而值得践行。当然，所有这一切，以及大多数西方企业领导层典型的权力傲慢，都受到了量子管理哲学和实践的挑战。

挑战越大，机遇也越大。受到量子世界观和量子管理挑战的西方世界的思维方式、文化特征和偏好，同样也是西方民主价值观遭到背弃和社会分裂的基础，而这种价值观的崩塌和社会分裂正在滋生着财富、权力和社会的不平等，滋生着对差异的零容忍和种族主义偏见，也使获得住房、医疗和接受更多教育的机会有限或不存在，滋生着暴力、孤独、吸毒乱象，以及对虚假的精英制度和精英主义的不满。而采用量子管理哲学和实践的价值观、实践和世界观可以治愈这一切。它还能改善许多西方国家不愿意采取必要措施来结束造成气候变化的环境污染和退化的情况。

量子管理对全世界所有的文化和思想领袖都提出了进一步的挑战。正如我在本书中所说，许多中国公司正在欣然接受量子管理，因为量子管理的哲学和世界观在中国传统文化中找到了天然的根基。因此，不少来海尔参观的外国游客都说："这在中国行得通，但在我们国家却是困难重重。"中国以外的其他文化是否也能从自己的传统文化中找到类似的共鸣呢？我认为印度也许可以，印度的《奥义书》（*Upanishads*）、吠檀多（Vedanta）传统以及《薄伽梵歌》（*Bhagavad Gita*）中的领导哲学都与量子思想有着天然的亲和力。即使在美国，被压抑和否定的美国本土传统也与量子世界观有着明显的共鸣。斯宾诺莎、黑格尔、海德格尔等迄今为止较为边缘化的西方哲学家的作品也是如此。怀特海的哲学、泰亚尔·夏尔丹的作品是否能在其他国家和文化产生影响呢？我倾向于这样认为。如果真的是这样，那么世界商业、全球和谐以及各国间的合作的机遇将是巨大的。

致谢

在本书的写作过程中，许多人给了我极大的灵感和帮助，我在此一并致谢。非常感谢钟鸿盛（Domi）和何文天（Felix）两位年轻人，我将这本书献给他们。我在第一次访问中国时就认识了他们，当时他们正在攻读博士学位。我们建立了深厚的友谊，多年以来，他们持续无私的帮助使我的中国之行成为可能。他们优秀的品格以及服务社会的理想主义奉献精神一直激励着我。Domi 也是我非常宝贵的同事和思想伙伴。感谢我的好朋友张颂仁（Chang Tsong-Zung）先生为我在苏州提供了一个宁静舒适的创作环境，让我有机会体验中国的日常生活。感谢清华大学经济管理学院的陈劲教授，他对量子管理有着极为深刻的理解，进一步提高了量子管理的学术认可度和接受度。感谢我的翻译纪文凯（Matt），使《人单合一：量子管理之道》（*Zero Distance*）和本书得以与中国读者见面。感谢我非常优秀的经纪人黄家坤（Jackie），不懈地致力于在中国推广我的书籍。感谢我的中文出版商中国人民大学出版社。感谢我热情好客的中国朋友们，我在中国得到了非常细致体贴的照顾。特别感谢热情睿智的姚越女士，她是跨文化专家，致力于推动社会创新。中国人热情友好、彬彬有礼、乐于助人，我很享受与他们一同生活。他们善于发现生活中的简单快乐，他们在街上自发地跳舞，在公园里唱歌，让我的心为之振奋！

LaoTzu and Confucius Meet Heisenberg: Leadership Wisdom from Quantum Science & Chinese Philosophy

This edition arranged with Danah Zohar c/o Robin Straus Agency, Inc. through Andrew Nurnberg Associates International Limited.

北京阅想时代文化发展有限责任公司为中国人民大学出版社有限公司下属的商业新知事业部，致力于经管类优秀出版物（外版书为主）的策划及出版，主要涉及经济管理、金融、投资理财、心理学、成功励志、生活等出版领域，下设“阅想·商业”“阅想·财富”“阅想·新知”“阅想·心理”“阅想·生活”以及“阅想·人文”等多条产品线，致力于为国内商业人士提供涵盖先进、前沿的管理理念和思想的专业类图书和趋势类图书，同时也为满足商业人士的内心诉求，打造一系列提倡心理和生活健康的心理学图书和生活管理类图书。

《量子与生活：重新认识自我、他人与世界的关系》

- “量子管理奠基人”、当今最伟大的管理思想家之一丹娜·左哈尔关于量子世界观的倾心力作，用现代物理学的真知灼见更好地理解生活和生活中的哲学。
- 立足意识、物理和新的社会视野，解答人如何与世界和睦相处，摆脱孤独感和疏离感。

《人单合一：量子管理之道》

- 量子管理奠基人、当今世界最伟大的管理思想家、后德鲁克时代的管理大师娜·左哈尔全新力作，用站在未来看未来的量子思维思考后疫情时代的管理创新、组织变革和公司治理。
- 融合了西方量子物理学以及中国道家哲学思想的海尔管理新范式——人单合一也许能为未来的组织带来启示，并指引方向。